稻渔综合种养新模式新技术系列丛书

全国水产技术推广总站 ◯ 组编

稻 蟹 综合种养

技术模式与案例

刘忠松　刘学光　朴元植 ◎ 主编

U0239239

中国农业出版社

北 京

稻渔综合种养新模式新技术系列丛书

丛书编委会

稻渔综合种养新模式新技术系列丛书

本书编委会

主　编　刘忠松　刘学光　朴元植

编　委　（按姓名笔画排序）

　　　　于永清　田　静　朴元植　刘　胥　刘月芬

　　　　刘忠松　刘学光　李　苗　李成军　迟秉会

　　　　陈卫新　陈来钊　陈焕根

丛 书 序

  21 世纪以来，为解决农民种植水稻积极性不高以及水产养殖病害突出、养殖水域发展空间受限等问题，在农业农村部渔业渔政管理局和科技教育司的大力支持下，全国水产技术推广总站积极探索水产养殖与水稻种植融合发展的生态循环农业新模式，农药化肥、渔药饲料使用大幅减少，取得了水稻稳产、促渔增收的良好效果。在全国水产技术推广总站的带动下，相关地区和部门的政府、企业、科研院校及推广单位积极加入稻渔综合种养试验示范，随着技术集成水平不断提高，逐步形成了"以渔促稻、稳粮增效、质量安全、生态环保"的稻渔综合种养新模式。目前，已集成稻—蟹、稻—虾、稻—鳖、稻—鲤、稻—鳅五大类 19 种典型模式，以及 20 多项配套关键技术，在全国适宜省份建立核心示范区 6.6 万公顷，辐射带动 133.3 万公顷。稻渔综合种养作为一种具有稳粮促渔、提质增效、生态环保等多种功能的现代生态循环农业绿色发展新模式，得到各方认可，在全国掀起了"比学赶超"的热潮。

  "十三五"以来，稻渔综合种养发展进入快速发展的战略机遇期。首先，从政策环境看，稻渔综合种养完全符合党的十九大报告提出的建设美丽中国、实施乡村振兴战略的大政方针，以及农业供给侧改革提出的"藏粮于地、藏粮于技"战略的有关要求。《全国农业可持续发展规划（2015—2030 年）》等均明确支持稻渔综合种养发展，稻渔综合种养的政策保障更有力、发展条件更优。其次，从市场需求看，随着我国城市化步伐加快，具有消费潜力的中产阶级群体不断壮大，对绿色优质农产品的需求将持续增大。最后，从资源条件看，我国适宜发展综合种养的水网稻田和冬闲稻田面积据估算有 600 万公顷以上，具有极大的发展潜力。因此可以预见，稻渔综合种养将进入快速规范发展和大有可为的新阶段。

为推动全国稻渔综合种养规范健康发展，推动 2018 年 1 月 1 日正式实施的水产行业标准《稻渔综合种养技术规范通则》的宣贯落实，全国水产技术推广总站与中国农业出版社共同策划，组织专家编写了这套《稻渔综合种养新模式新技术系列丛书》。丛书以"稳粮、促渔、增效、安全、生态、可持续"为基本理念，以稻渔综合种养产业化配套关键技术和典型模式为重点，力争全面总结近年来稻田综合种养技术集成与示范推广成果，通过理论介绍、数据分析、良法推荐、案例展示等多种方式，全面展示稻田综合种养新模式和新技术。

这套丛书具有以下几个特点：①作者权威，指导性强。从全国遴选了稻渔综合种养技术推广领域的资深专家主笔，指导性、示范性强。②兼顾差异，适用面广。丛书在介绍共性知识之外，精选了全国各地的技术模式案例，可满足不同地区的差异化需求。③图文并茂，实用性强。丛书编写辅以大量原创图片，以便于读者的阅读和吸收，真正做到让渔农民"看得懂、用得上"。相信这套丛书的出版，将为稻渔综合种养实现"稳粮增收、渔稻互促、绿色生态"的发展目标，并作为产业精准扶贫的有效手段，为我国脱贫攻坚事业做出应有贡献。

这套丛书的出版，可供从事稻田综合种养的技术人员、管理人员、种养户及新型经营主体等参考借鉴。衷心祝贺丛书的顺利出版！

中国科学院院士

2018 年 4 月

前　言

　　稻蟹综合种养是近年来发展起来的一项新的养蟹方式，是养殖业和种植业在人为条件下科学地结合起来，达到互利共生、高产、高效、无公害、立体开发利用的理想模式。利用稻田养殖河蟹，既符合国家提出的发展生态渔业要求，又提高水稻和河蟹的产量、增加农民收入，是一项朝阳产业。稻田养蟹的好处很多，河蟹能清除稻田中的杂草，吃掉部分害虫，促使水稻生长；而稻田又为河蟹提供了良好的环境，促使河蟹生长。为促进稻蟹综合种养技术的推广应用，我们组织相关的培育和养殖技术专家编写了本书。

　　《稻蟹综合种养技术模式与案例》是以全国河蟹稻田生态养殖主要产区成功案例为基础，经过科研推广专业人员科学分析总结，形成了代表当代水平的河蟹稻田生态养殖理念和先进生产技术经验，是全国河蟹稻田养殖工作者多年辛勤劳动和探索创新的结晶，具有较强的复制性，适于河蟹产区广泛推广应用，是广大蟹农实现增收目标的良师益友。本书的出版发行，对推动全国河蟹稻田生态养殖技术水平的进一步提高、促进河蟹产业持续健康发展，具有重要的指导意义。

　　《稻蟹综合种养技术模式与案例》着重总结了各地河蟹的分类地位及生物学特性、河蟹土池生态育苗技术、稻田蟹种综合种养技术、稻田成蟹综合种养技术和病害综合防治等方面的实用技术，其核心价值在于通过先进技术的应用，实现河蟹产业经济效益、生态效益和社会效益的有机统一。

　　全书分为 4 章 14 节，详细介绍了稻蟹综合种养技术，包括发展现状，养殖模式，种养技术（环境条件、水稻种植、土池生态育苗技术、蟹种养殖、成蟹养殖、主要病害防治），稻蟹共作典型模式。此外，还介绍了稻蟹市场营销和经营案例等内容，适合科研人员、推广人员、养殖和种植技术人员及生产者参考和查阅。

　　本书编写得到了稻蟹养殖科技人员的大力支持，在此我们表示衷心感谢！由于编者水平有限，难免有疏漏之处，希望广大读者批评指正。

编著者

2019 年 6 月

目 录

第一章

概　　述

　　稻蟹共作模式是利用稻蟹互利共生原理，依托稻田湿地环境，构建形成稻蟹复合生态种养系统，实现稻蟹综合种养。稻田为河蟹提供生活场所和各种饵料，有利于河蟹隐蔽、蜕壳和生长。河蟹摄食稻田中的水生动物、昆虫卵及幼虫，消灭了田中病虫害，减少了农药投入。河蟹疏松土壤，提高土壤的通透性，其蜕壳物、排泄物和残饵作为有机追肥，能促进水稻生长，减少了化肥投入量，实现了水稻种植与河蟹养殖的有机结合。

　　从发展历程看，稻蟹共作模式是在原稻田养蟹的模式上逐步发展起来。20世纪90年代以后，市场对河蟹需求猛增，辽宁、浙江、江苏、河北、湖北等省的部分适宜地区开展试验稻田养蟹，取得成效，但规模不大。进入21世纪，特别是十六大以后，随着我国农业产业化和稻田流转的步伐加快，稻蟹综合种养在稳定水稻生产、推动稻田规模化经营、提高农民收入方面的作用逐步显现，得到了地方政府的高度重视和农民的积极响应。一大批稳粮效果较好、发展规模较大、综合效益显著的稻蟹共作模式在东北、西北稻作区迅速发展，实现了一地两用、一水双收，并形成规模效益。2007年，辽宁省稻蟹综合种养的"盘山模式"得到农业部认定，2011年起，农业部积极推进稻蟹综合种养示范区建设，在辽宁、宁夏、吉林等省（自治区）建立核心示范区7个，核心示范区面积13 123公顷，示范推广2.65万公顷，集成各地稻蟹综合种养的技术优点，形成了稻蟹共作模式。截至目前，稻蟹共作模式已推广到了辽宁、宁夏、黑龙江、吉林、山东、江苏、上海、浙江、河北、湖北、安徽、云南、贵州、青海、四川、新疆等 10 多个省（自治区、直辖市），并带动了我国台湾地区的稻蟹综合种养。

与传统稻田养蟹相比，稻蟹共作模式以水稻为中心，以河蟹为主导，以生态安全为保障，以产业化为推动，生产的"稻田蟹"和"蟹田稻"成为优质农产品，市场竞争力增强，是一种集约高效、资源节约、环境友好、质量安全的现代农业发展模式。从示范区测产验收情况看，水稻单位产量不低于常规单种水平，做到了水稻不减产，每亩*生产河蟹蟹种 60 千克（每亩产商品蟹 20 千克左右），农药和化肥使用量减少 30％以上，每亩新增效益 1 000 元以上。该模式对稳定农民种稻积极性，促进农业增效和农民增收，推动稻田规模化经营，调整农业产业结构，优化耕作制度，发展生态农业、循环农业、高效农业具有重要意义。

稻田中有较为丰富的天然饵料，有充足的氧气，有较好的水质。稻田生态养蟹具有投资少、风险小、见效快、效益高、养殖技术易操作等特点。近年来，我们把稻田养蟹总结为"用地不占地、用水不占水、一地两用、一水两养、一季双收"的立体生态高效农业模式。

一、发展现状

河蟹在全国渔业中是影响力最大、优势最突出、市场竞争力最强的产业之一。我国河蟹产业的发展经历了 1970—1993 年的河蟹增殖阶段、1993—2003 年的河蟹养殖规模迅增阶段、2004 年以来的养大蟹和优质蟹养殖阶段。目前，河蟹从种源、苗种生产、成蟹养殖、稻田养蟹等不同养殖模式的产业链日益成熟，已形成年产量 70 万～80 万吨、产值超 500 亿元的淡水渔业第一产业。

---

* 亩为非法定计量单位，1 亩＝1/15 公顷。——编者注

二、养殖方式

我国河蟹产业仍以传统养殖模式为主，多数是小生产经营方式，养殖管理具自发性、随意性特点，尤其是投饵不科学、饲料来源随意、质量不稳定，使得河蟹养殖存在着安全和质量（品质）的隐患。稻田养蟹作为一种优良的生态农业模式，有利于促进农业的可持续发展和保护农业生态环境。

近年来，我国养蟹主产区总结了稻田养蟹"盘山模式""兴化模式""高淳模式""当涂模式"等，由于南北方气候条件的差异有待进一步总结和完善。良好的水生生态环境，是稻田养蟹产出好蟹的基础。通过稻田养蟹阶段性投放足量活螺蛳，适度稀放优质蟹种，在稻田中合理套养名特优水产品种，实行养殖水体内的良性循环，营造生态平衡，实施生态养殖。保持养殖区水流畅通、水质优良，确保河蟹有一个最适宜居住的生态环境，从根本上确保河蟹产品的质量。

第二章

种 养 技 术

　　水稻栽插模式对水稻产量和河蟹生长有着重要影响。常规水稻栽插模式行距为30厘米—30厘米，在水稻分蘖中后期开始，由于田面无光照而导致水体溶解氧的不足，影响河蟹生长。因此，在稻蟹共作综合种养模式中，对水稻栽秧模式进行必要的改造。总的技术原理是：通过"宽窄行、边行加密""双行靠、边行密""分箱式"等插秧方式，为河蟹在稻田中形成一定的活动空间，满足了河蟹的生长需求。同时，提高了稻田中的透气性、通风率和采光率，增加水体的溶解氧和水温及地温，提高水稻对光照的利用，降低了稻田的湿度，降低了稻瘟病的发病率。新的栽秧模式采用宽行窄行交替栽插，利用环沟边两侧的边际优势密插水稻，来弥补因开挖环沟占地减少的穴数。与常规水稻插秧相比，水稻种植穴数不减，单位面积的秧苗数不减少，确保了水稻不减产。在水稻插秧时间上，适时早插。通常，日平均气温稳定在15℃时即可开始插秧，东北和西北稻作区通常5月初就可以插秧。

　　在水稻栽插模式上，各地实际情况不同，水稻栽插模式略有不同。辽宁省盘锦地区特点是"大垄双行、边行加密"，将常规模式30厘米行距改为20厘米—40厘米—20厘米，在环沟边际加密插（图2-1至图2-3）。

　　宁夏地区的特点是"双行靠、边行密"，窄行距20厘米、宽行距40厘米，表现为20厘米—40厘米—20厘米（图2-4），在环沟两侧80厘米之内的插秧区，宽行中间加1行，行间距全部为20厘米，将环沟占用的水稻穴数补上；穴距都为10厘米，每穴3～5株苗，每亩插秧穴数都在16 000～18 000穴，水稻秧苗穴数不少于宁

图 2-1 大垄双行、边行　　　　　图 2-2 田中种稻、水中养蟹、埝埂种豆

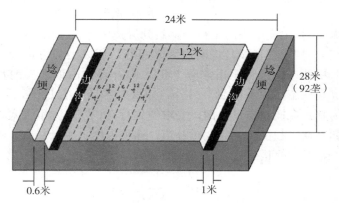

图 2-3 "大垄双行、边行加密"的水稻栽插方法示意

夏常规的旱育稀植水稻种植（图 2-4、图 2-5）。

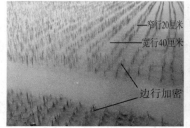

图 2-4 宁夏"双行靠、边行密"的水稻插秧模式实景

　　吉林地区是"分箱式"插秧技术，采取机械插秧，行距 30 厘米—30 厘米，株距 16.5 厘米，每穴稻苗为 2～3 株；机械插完秧

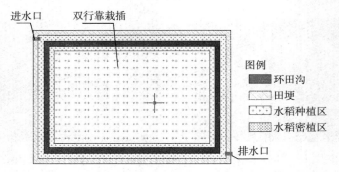

图 2-5　吉林"双行靠、边行密"的水稻栽插方法示意

后每隔 12 行用人工拔出 1 行，移栽到旁边 2 行，留出 60 厘米宽荡（图 2-5）。田埂内边及环沟两边因光照好、通风力强可进行"三边密插"稻秧（株行距比正常密 1/3），弥补环沟占地损失的水稻穴数，实现秧苗穴数不减少。另外，插秧时水层不宜过深，以 1～2 厘米为宜；在插秧质量方面，要求做到行直、穴准、不丢穴、不缺苗，如有缺穴、少苗，应及时补苗；插秧深度 1 厘米左右，不宜过深，否则影响水稻返青和分蘖（图 2-5）。

第一节　环境条件

一、稻田选择

养蟹稻田应选择交通便利、地势平坦、靠近水源、水源充足、灌排水方便、遇旱不干、大水不淹、保水性能好的稻田（图 2-6、图 2-7）；养殖水源无毒、无污染，符合《渔业水质标准》（GB 11607）规定，养殖用水水质符合农业行业标准《无公害食品　淡水养殖用水水质》（NY 5051—2001）要求。主要水质理化指标要求为：溶解氧不低于 5 毫克/升；水温范围为 15～30℃，最佳 22～28℃；水质盐度在 2 以下；酸碱度（pH）为 7.5～8.5；氨氮 0.1 毫克/升以下；亚硝酸盐 0.1 毫克/升以下；透明度 30 厘米以上；硫化氢不检出；淤泥厚度小于 10 厘米。

图 2-6　稻田选择　　　　　　图 2-7　稻蟹共作田

二、田间工程

实施稻蟹共作综合种养的稻田，需进行标准化的田间工程改造。将稻田分为若干种养单元，每个种养单元以 667 米² 至 2 公顷为宜。具体面积根据各地稻田规划、作业方式、机械化要求等实际情况来确定。种养单元田间工程建设内容主要如下：

1. 田块平整

对稻蟹共作的田块进行平整，要求每个种养单元内高低差不超过 3 厘米。若种养单元面积较大或土地坡度较大，要求种养单元中形成多个小田块，每个田块的高差不超过 3 厘米。

2. 田埂增高加固

用于稻蟹共作综合种养的稻田田埂要增高、加固夯实。通常，田埂高 50～70 厘米、顶宽 50～60 厘米、底宽 80～100 厘米。

3. 开挖环沟

为了便于河蟹躲避高温、蜕壳以及集蟹，满足河蟹生长发育所需的环境条件，每个种养单元四周在田埂内侧 100 厘米处开挖环沟，环沟上口宽 60 厘米、下底宽 40 厘米、沟深 50 厘米（图 2-8）。环沟面积不得超过本种养单元田块总面积的 5%。环沟开挖应在泡田、耙地前完成，耙地后需再修整一次。

4. 进排水系统改造

养殖河蟹稻田的进、排水口应对角设置，以便于换水；进、排

图 2-8　养蟹稻田的养蟹环沟

水口采用管道为好，通常为直径 20 厘米的聚塑管，长度 80～100
厘米，进、排水管内侧设双层防护网（如双层袖网），防止河蟹逃
跑。防护网的网目根据河蟹规格确定，可以在排水口外侧设 2 个固
定的小网，以观察和拦截河蟹逃逸。

5. 设置防逃围栏

河蟹苗种放养之前，在每个种养单元的四周田埂上设置防逃围
栏。防逃围栏采用防老化的塑料薄膜，通常在田埂 2/3 处外侧用
70 厘米高的细竹竿作固定桩，注意防逃围栏要与稻秧保持一定距
离，防止河蟹通过稻秧爬出防逃围栏；竹桩间距 60～100 厘米，通
常迎风处要密插，避免大风吹倒，顺风处可相对稀插；竹桩插入土
中10～15 厘米，向稻田内侧倾斜 15°；通常塑料薄膜总宽 65 厘米，
下部埋入土中 10 厘米、上部高出地面 50 厘米，余下的 5 厘米薄膜
向下折；竹桩上部用尼龙绳互相连接，作为内部拉筋，塑料薄膜用
细铁丝固定在竹桩上，薄膜折口（向外）用胶带黏接；注意上端尼

图 2-9　设置防逃围栏

龙绳要拉紧，确保塑料薄膜无褶皱无缝隙，向稻田内侧倾斜（与地面呈 85°）；拐角处呈弧形，接头处光滑无缝隙，形成全封闭的防逃围栏（图 2-9）。

第二节　水稻种植

一、水稻品种的选择

我国北方稻作区域的地理位置、气候条件、土壤、土质等，特别是无霜期的差异很大，既有多雨、高湿低洼地区，又有气候干燥、少雨干旱地区，又有较重的盐碱地区，还有地表用水和地下水之别。就这些不同的现存条件，不同地区的养蟹、养鱼的稻田种植品种选择尤为关键。不同地区要选择适应本地的环境条件、抗倒伏、抗病力强、熟性好、品质优良、高产稳产、叶片张角小的品种。特殊条件地区更要考虑到水源、水温、易干旱和盐碱度高等综合因素，最好选用通过审定且已经在当地推广的稳产品种。

二、种子处理

为了确保水稻苗齐苗壮，播种前要进行一系列种子处理。

（1）晒种　浸泡种前选择晴好天气晒种 2～3 天，晒的过程中要经常翻动，尽量达到均匀一致。通过种子晾晒，一是可以杀死大部分附着在种子表面的病原菌；二是均衡种子水分的含量差异，能使种子在浸泡时吸水一致，发芽同步；三是能促进种子内部新陈代谢，增强活力。

（2）清选　目的是清除种子中的杂质、病粒和不饱满稻粒。简易方法是用 5∶1 或 6∶1 的盐水（生鸡蛋蛋壳露出水面一点），经过反复搅动，捞出漂浮水面上的未成熟、不饱满稻种（图 2-10）。

图 2-10　种子处理及消毒

三、种子消毒

水稻恶苗病和水稻干尖线虫病，是因种子带菌和带虫而造成植株感染发病的水稻病害。只有在水稻播种前通过种子消毒，才能有效控制这两种病害的发生。

1. 16％菌虫清可湿性粉剂

主要用来防治水稻恶苗病和水稻干尖线虫病。使用方法：药与水比例为 1：（400～600）。先将药剂倒入定量清水中搅拌均匀，再将水稻种子倒入药液用力搅拌，浸种 3～4 天后再用清水浸 2～3 天。

2. 10％浸种灵

可杀灭种传恶苗病，兼防干尖线虫病。使用方法：先将按种子重量 0.2％的药剂用少量水稀释，然后加水搅匀配成 500～700 倍液，再将种子放入药液浸种后 5～7 天，播种前捞出控净水准备播种。

3. 注意事项

严格按照产品使用说明进行操作，准确配制药液，浸种所用的药剂浓度是根据种子重量计算的，一般按照药剂的有效成分含量或制剂量计算。浸种时间与浸种的药剂浓度有关，浓度低时浸种时间可略长一点，浓度高时浸种时间要缩短；掌握浸种时间，药剂浸种有一定的时间要求，时间过长会产生药害，过短则达不到消毒的目的；浸过的种子要冲洗和晾晒，对药剂忍受力差的种子在浸过后，应按要求用清水冲洗，以免发生药害。如果没有要求浸后冲洗，可以不冲洗。催芽时要控制好温度，温度过高应揭开散热；在浸种开始时，药液面要高出种子15厘米以上，以免种子吸水膨胀后露出药液面，降低浸种效果；种子放入药液中要充分搅拌，以排除药液内的气泡，使种子与药液充分接触，提高浸种效果。

四、种子包衣

1. 5%锐劲特拌种剂

按1千克稻种用2.5毫升该悬浮剂的剂量使种子充分着药，置阴凉处晾4～6小时后播种，主要用于防治稻飞虱、稻蓟马、稻瘿蚊。

2. 40%水稻苗病清拌种剂

用药量为干种子量的0.5%，主要用于防治水稻恶苗病、立枯病、青枯病。

3. 注意事项

选择对路药剂，用药量一定要准确；拌种时，先把种子摊在硬地或塑料布上，然后将药剂均匀地洒在种子上，边洒边拌，使种子着药均匀，晾干后即可播种（图2-11）。

图2-11 种子包衣

五、育苗技术

1. 育苗形式

采用中棚集中育苗，苗齐苗壮，适应现代农业发展。

2. 育苗田块选择

要选择在靠近水源、地势高燥、背风向阳的地块作育苗田地。一般每亩本田需秧田面积 6 米^2 左右（图 2-12、图 2-13）。

3. 营养土配制

育苗前要准备足够的富含有机质且偏酸的营养土，要求床土的 pH 为 4.5～5.5，有机质在 4% 以上，土壤容重 1.1 左右。一般 15 米^2 苗床需营养土 250 千克左右。营养土成分及配比：无盐碱无草籽的园田土或旱田土占营养土的 74.5%；优质腐熟畜禽粪占营养土的 15%；优质草炭占营养土的 10%；水稻壮秧剂占营养土的 0.5%。分别将四种成分过筛后，按比例混拌均匀待用。

机插秧硬盘高 2.5～3 厘米，底土铺 2.5 厘米，播种后覆土 0.5 厘米浇水。要注意的是，一定要把水浇匀浇透，否则就会造成出苗不齐。

图 2-12　育苗田块选择

图 2-13　中棚集中育苗

4. 播期及播种量

一般在 4 月 5～10 日外界气温稳定在 10℃、棚内温度 25℃ 以上时即可播种。晚熟品种可适当早播。播种时一定要做到稀播种、育壮秧，常规稻每盘（28 厘米×58 厘米）播湿籽 100～110 克；杂交稻播湿籽 80～100 克。播籽后覆盖营养土 0.5 厘米厚，浇透水后再用 60％丁草胺 0.15～0.2 毫升，对水均匀喷在覆土表面，并加盖薄膜保湿进行封闭（图 2-14、图 2-15）。

图 2-14　育苗田播种　　　　　　　　图 2-15　稻苗出土

5. 秧田管理

播种后至出苗，注意做好保温、保湿工作。

当稻苗出土 2/3 左右时，结合加水（青头水），撤下薄膜。

当稻苗两叶一心前后，是患立枯病、青枯病的关键时段，无论有无病状出现，都要给育苗田加水至稻苗叶心以下，保持至少 24 小时的养源供给（图 2-16）。如果已经有局部或少量发生病点症状，采用保水、微量补肥，要比用药防治好得多。一叶一心至三叶期，床内温度要控制在 20～30℃。超过 30℃就要适当通风炼苗，严防高温烧苗（图 2-17）。秧苗三叶期以后，床内温度控制在 20～25℃。随着通风口加大及通风次数的增加，床内水分蒸发加快，应适时浇水。一般讲，要根据当时苗情来定是否浇水。在不影响秧苗

图 2-16　稻苗两叶一心期　　　　　　图 2-17　通风炼苗

正常生长的情况下，苗期尽量减少浇水次数，需要浇水就要浇足。插秧前 5～7 天适量追施送嫁肥，每米² 浇施 2 千克左右 1‰ 的硫铵水，加 0.2% 锌肥水同时施用，可促使水稻发新根，移栽后成活快、分蘖早，有利于高产。浇肥水后要用清水洗苗，以防秧苗遭受肥水伤害。一般秧龄在 32 天左右即可插秧。

六、养殖田施肥技术

1. 施足基肥

施鸡粪类肥料 200 千克，旋耕前一次性均匀施入后再旋耕。

2. 施用测土配制的水稻专用肥

按每亩全程的总用量，在旋地前依据当地的施肥常量一次施入 90% 的量，余下部分留作插秧后调整肥。中后期如果遇上土壤养分不足、水稻叶色浅黄，可"少量多次"适量追肥，每次每亩补施化肥类氮肥不超过 3 千克（图 2-18）。

图 2-18　蟹田施肥

七、养殖田平整技术

养殖田块平整，一块田内高低差不超过 3 厘米。土壤细碎、疏松、耕层深厚、上软下松，为高产水稻生长创造良好的土壤环境。

1. 水田整地

水田整地分为旱整地和水整地。旱整地为秋翻地和春旋耕。秋翻地主要是在水稻收获后旋地，秋翻地优势在于有利于熟化土壤、灭虫灭草、减少病虫害发生和改善土壤的渗透力；春旋耕是在当年 4 月前后，当土壤化冻达 10～15 厘米时的旋耕，这个过程是每年必须要经历的环节。秋翻的稻田，旋耕深度要控制在 10～12 厘米；未经过秋翻稻田，旋耕深度 12～15 厘米。水整地是泡田水进地后 3～5 天的平整土地。

2. 旋耕

旋耕具有碎土系数高、田面平整度好、无开闭垄、无重复作业等优点，为早整地、早整平和早作埂打下基础。旋耕不但省工、省力、省水，而且便于施用有机肥料，提高地温，促进秧苗插后早生快发。

3. 耙地

分为水耙与旱耙两种方法。旱耙地是在泡田水进地之前用旋耕机耙 1～2 次；水耙地是在耙地前 3～4 天泡田，能使土壤充分吸水、稻田中杂草萌芽。耙地时田间的水层调整到 3～5 厘米为宜，过深、过浅均会制约平耙地的质量。

八、养殖田杂草防除技术

稻田杂草种类很多，且交替发生。使用药剂的种类和时期也不尽相同，以种子繁殖的一年生杂草在平耙地后 1 周开始萌发，2 周达到峰值。以根茎繁殖的多年生杂草，由于根部所处的位置较深，要比种子繁殖杂草晚 2～3 周达到峰值。北方水田危害较重的杂草有 17 种，对水稻危害较大的有稗草、野慈姑、眼子菜、鸭舌草、雨久花、浮萍、水绵及莎草科等水生阔叶杂草，与水稻争肥、抢光和占据空间，妨碍水稻的正常生长。

尽管目前有很多种除草药剂可以防治和除掉这些杂草，但在养鱼、养蟹稻田防除草用药上，一定要谨慎选择，按使用量的下限使用。采取两种或两种以上的除草药剂混合，在耙地后插秧前用药效果更好、更安全（图 2-19）。切记，鱼苗、蟹苗放入稻田以后，不能再施入任何除草药剂。

1. 吡嘧磺隆（草克星）

杀草种类多、药效稳定，特别是对养鱼养蟹的稻田相对安全性

图 2-19　养殖田杂草防除

高。一般在插秧前 3 天或插秧后 3～5 天，选 10％的草克星每亩 10～15 克。主要除治稗草等禾本科杂草，对部分阔叶杂草也有一定的除杀效果。对上年杂草多的田块，可加 40～60 克丁草胺混用。注意至少保水 3 天以上。

2. 丁草胺（灭草特）

杀草广谱、价格低，是稻田使用最多的除草药。这个除草药对鱼特别是无鳞的泥鳅伤害最大，一般每亩用 60％的丁草胺 100～150 克。主要除治稗草等禾本科杂草，对部分阔叶杂草也有一定的除杀效果。用药后 1～2 小时，水中的生物基本死亡。养鱼、蟹稻田用这个药剂，必须在苗种入田前 1 周使用，鱼蟹苗入田前要经过换水和试水。

3. 卡嘧磺隆（农得时）

杀草广谱、安全，插秧前 5～7 天施药，每亩用 30％的卡嘧磺隆 10 克加 60 毫升 30％的莎稗磷进行封闭。注意保水在 5 天以上。

4. 恶草酮（农思它）

在耙地后水混浊时，每亩用 12％的恶草酮乳油原瓶直接甩入稻田中，或用 25％的恶草酮加水配成药液均匀泼洒。至少 2 天后插秧。

5. 水绵防除（青苔）

水绵多发生在水稻插秧后 7～15 天，与水稻争温、争水、争肥，严重妨碍水稻生长。防治方法，关键是用药时机的把握，一般在水绵形成的初期，就是水绵呈丝状忽隐忽现的时候，用标注正常防治药量的 1/3 就能解决。水绵发生初期每亩用 10％的乙氧嘧磺隆 5～8 克或水绵防除 40～60 克，45％的三苯基乙酸锡可湿性粉剂 15～25 克加 5～8 千克水喷洒。当水绵发生严重时，药量需要加倍，喷洒时尽量降低稻田水层，1 天后加至正常水位。

6. 稻田田埂杂草防除

水稻插秧前，每亩用 10％的草甘膦水剂 2 400 毫升对水喷施。插秧后，50％的二氯喹啉酸可湿性粉剂 60～90 克加 26％的出莎特（2 甲 4 氯灭草松）水剂 200 毫升喷施。

插秧后，每亩用 50％的二氯喹啉酸可湿性粉剂 60～90 毫升，对水喷施坝埂杂草上，可除治多种杂草。

九、养殖田插秧技术

北方各地气候条件差异大，无霜期和品种之间的不同，插秧时间要依据：一是以安全出穗期来确定，水稻出穗期间的温度在 25～30℃最为适宜，超过 35℃或低于 21℃对开花授粉都不利。根据多年的生产实践经验，北方水稻安全出穗期是在 7 月末至 8 月上旬的高温时节。二是依据温度条件来确定，一般情况下，水稻的根系生长下限温度为 14℃，土壤温度为 13.7℃，叶片生长的下限温度为 13℃。因此，一般插秧时间应该定在稳定根系生长的起点来确定。

1. 插秧穴数、株数确定

水稻种植采用"种子精选稀播、旱田培育壮秧、远穴少株稀插、大底肥小调整、重磷钾少氮素、按需求补平衡"的新技术方法。

一般条件下，每亩栽插 10 000～13 500 穴，高产田每穴 2～3 株、中低产田 3～4 株（图 2-20）。

2. 水稻插秧技术

一般日平均气温稳定在 15℃时，即可开始插秧。要求在 5 月底前完成插秧，做到早插快发。

图 2-20　插秧穴数、株数确定

目前，水稻插秧方式通常包括人工插秧和机械化插秧两种方式（图 2-21、图 2-22），对于规模化生产，通过常采用机械化插秧。

图 2-21　人工插秧　　　　　　　图 2-22　机械化插秧

插秧时要注意水层不宜过深，以 1～2 厘米为宜。插秧深度要控制在 2 厘米以内，保证漏穴在 2%～5%，每穴 2～4 株的在 70% 以上。插秧过程中要注意：起苗、运苗过程中要防止秧苗的重叠、颠簸造成的折伤和长时间脱水；做到浅插、行直、穴准、不丢穴、不缺苗，如有缺穴、少苗不超过 6% 以内。在人工贵和用工难的情况下，靠水稻具有的自补功能可以不进行补苗，产量不会受到影响。

3. 控制无效分蘖技术

控制好无效分蘖，是水稻少吸肥、不得病、产量稳的最关键环节。

水稻从第一次分蘖开始到有效蘖生成的时间约为 3 周，分蘖高峰是在中偏后期的一周。一般在肥水足量的前提下，以浅水分蘖、深水控生的管理方式，经过 15～18 天就能达到计划有效蘖数的 90% 以上的每穴 25 株左右，这个时候就要着手控制分蘖（图

2-23)。方法是加深水层或适当晒田去抑制新生蘖的生成。如果不加以控制，以后所有生成的新蘖都属于无效分蘖。无效蘖一方面消耗土壤中的大量养分；另一方面密度过大，在降低了透光通风不畅的同时，也形成了纹枯病、稻瘟病的发生条件。

图 2-23　控制无效分蘖技术

十、蟹田水稻管理

1. 蟹田水管理

养蟹稻田环沟保持满水，根据水稻需水规律管水。有条件的要经常添水、换水，来改善保持水质清新、嫩爽。养蟹稻田整个生产过程在不影响水稻生长的情况下，均保持适当水位，以助力河蟹生长。

2. 蟹田水稻病虫害防治

稻蟹种养田病虫害主要以预防为主。

（1）因地制宜地选用水稻高抗品种或抗病品种，逐年淘汰感病品种，严禁主栽品种单一化，实行几个抗病品种搭配种植。

（2）加强栽培防治措施，采用旱育苗培育壮秧，提高秧苗抗性，合理密植。

（3）氮、磷、钾配合平衡施肥，增施有机肥和硅肥，避免氮肥施用量过多、过猛。

（4）科学管水，合理灌水，增强抗病能力，减缓病害的发生和扩展。

（5）主要病虫害采用苗床施药带药移栽防治，插秧前每亩放800～1 000 只河蟹苗（160 只/千克），可吃掉田中草芽和虫卵，不用除草剂。

十一、水稻病虫害防治技术

稻蟹种养田尽可能少用化学杀虫剂而使用生物农药或推荐环境友好化学农药。必须使用杀虫剂或者杀菌剂时，尽量使用粉剂、可溶粒剂，避免使用乳油等液态剂型。不用毒土法而用茎叶喷雾法施药，避开河蟹蜕壳高峰期施药。

1. 稻水象甲

（1）苗床施药带药移栽防治技术　在稻水象甲发生较重的地块，水稻移栽前3～5天，苗床喷施5%的氟虫腈悬浮剂500倍液或25%的噻虫嗪水分散粒剂2 000倍液，移栽后对迁入本田的成虫仍有很高的防治效果。本项技术具有集中施药、省时省力、对稻田水生生物相对安全、用药量少、防治效果高等优点。

（2）本田施药防治技术　每亩用25%的噻虫嗪水分散粒剂4克，于水稻移栽后7～10天进行喷雾，每亩喷液量15千克。根据稻水象甲的迁移扩散规律，稻田周边要加大施药量（图2-24、图2-25）。

图2-24　稻水象甲幼虫　　　　　图2-25　稻水象甲成虫

2. 二化螟

每亩用20%的氯虫苯甲酰胺悬浮剂（康宽）10毫升或24%的甲氧虫酰肼（雷通）20毫升，分别在二化螟一代卵孵化高峰期（6月20日前后）和二化螟二代卵孵化高峰期（7月30日前后）进行喷雾（图2-26至图2-28）。

图 2-26 卷叶螟虫

图 2-27 二化螟卵

图 2-28 二化螟幼虫

3. 稻飞虱

每亩用 25％的噻虫嗪水分散粒剂 4 克，在稻飞虱若虫发生高峰期进行喷雾（图 2-29）。

图 2-29 灰飞虱

4. 稻瘟病

（1）农业防治 主要以预防为主：①因地制宜地选用高抗品种或抗病品种，逐年淘汰感病品种，严禁主栽品种单一化，实行几个抗病品种搭配种植；②加强栽培防治措施，采用旱育苗技术培育壮秧，提高秧苗抗性，合理密植；③氮、磷、钾配合平衡施肥，增施有机肥和硅肥，避免氮肥施用量过多、过猛；④科学管水，合理灌水和晾田，增强抗病能力，减缓病害的发生和扩展。

（2）药剂防治　①叶瘟的防治，及时控制发病中心，当在田边地头水稻长势繁茂的地方发现中心病窝时，应及时施药控制，愈早处理效果愈好；②穗颈瘟的防治，在水稻破口前 2 天和齐穗期各施药 1 次，比较抗病的品种在齐穗期施 1 次药，防治效果都比较好；③施用药剂，每亩用 75% 三环唑可湿性粉剂（稻艳）25 克或 6% 春雷霉素可湿性粉剂 50 克，对水 30 千克均匀喷雾（图 2-30）。

图 2-30　稻瘟病

5. 纹枯病

（1）打捞菌核，减少侵染菌数　于稻田耕耙后插秧前，用耙子、簸箕等工具将菌核捞出，并带出田外深埋，能够大大地减少菌核数量，明显减轻水稻纹枯病的发生（图 2-31）。

（2）适时用药，控制病情　每亩用 24% 的噻呋酰胺悬浮剂（满穗）20 毫升或 30% 的苯

图 2-31　纹枯病

甲·丙环唑乳油（爱苗）20 毫升。第一次通常在水稻分蘖末期施药防治，施药后 10～15 天再施第二次药，以后视病情发展情况而定。为了提高防治效果，施药时务必注意：①必须将药液均匀地喷洒到发病部位；②施药时稻田需保持 3～5 厘米深的浅水层。

6. 稻曲病

（1）选用抗病品种，搞好水稻的健身栽培　①选择相对抗病性强的水稻品种，在种植新的水稻品种时，应将其潜在的抗病性同丰产性、品质结合起来综合考虑。②合理密植，这样不但能起到防

病、增产作用，而且便于施药施肥等栽培管理。③改进施肥技术，施足基肥，增施农家肥，合理配方施肥，慎用穗肥；加强田间水管理，采取浅水勤灌，后期干干湿湿，防止长期深灌，注意适时适度烤田，以提高植株自身的抗病性，抑制稻曲病的发生。

（2）药物防治　每亩用25%的三唑酮可湿性粉剂100克，在孕穗末期（破口前5天）进行喷雾。

7. 叶枯病

（1）选择抗病品种　选购稻种时，要把抗病性作为一个重要因素考虑。选择高抗病品种，避免使用易感病品种。

（2）种子处理　用85%的强氯精粉剂500倍液或50%代森铵500倍液浸种24小时，捞出后用清水冲洗干净，然后再进行催芽、播种。

（3）化学防治　发现病株时，严格按照下列步骤进行防治，以达到"发现一点、防治一块、保护一片"的效果；发现病株，马上摘除病叶或整株拔除，装入塑料袋，带出田块深埋；立即用药防治，施药时从外围开始向发病中心施药，越接近发病中心，施药量越大

图 2-32　白叶枯病

（间隔4～7天，连续用药2～3次），以控制其蔓延；发病田周围的稻田，无论有无发病，均须喷药保护（图2-32）。有效药剂可选用25%的叶枯宁（川化-018）800～1 000倍液、72%的农用链霉素可溶性原粉2 500～5 000倍液、或克菌壮可溶性原粉1 000～1 500倍液。药液用量每亩60千克。

第三节　河蟹土池生态育苗技术

河蟹土池生态育苗技术是基于模拟河蟹自然生长环境条件，优

化河蟹幼体生长环境，加以人工控制手段，进行河蟹人工育苗的技术方法。该方法培育的蟹苗经过自然环境的锻炼，质量明显高于室内工厂化苗，对外界适应性强、成活率高，颇受养殖户的青睐。室外土池生态育苗，起源于辽宁省盘锦光合水产有限公司，现已成为国内河蟹苗种生产的通用技术。

一、基础设施设备

育苗基础设施包括苗种生产池塘、饵料池、海水沉淀池、淡水池、鼓风机、潜水泵及相应的供电设施。

1. 苗种生产池塘

育苗池塘大小一般 5～10 亩不等，东西方向，池高在 2.5 米以上，池内蓄水可达 2 米左右。坝较陡，进、排水方便。如池底有淤泥，应采取措施清出（图 2-33）。

图 2-33　育苗池

（1）亲蟹育肥池、交尾池、越冬池　池塘大小一般 2～10 亩不等，池高在 2 米以上，池内蓄水可达 1.5 米左右，进、排水方便。

如池底有淤泥，应采取措施清出。

（2）饵料池 池塘大小根据培养方法要求不等，东西方向，池高在 1.5 米以上，池内蓄水可达 1 米左右。坝较陡，进、排水方便。池底需要有一定淤泥。饵料池与苗池的比例在 3∶1 以上。

（3）海水沉淀池 选择进水方便的土池，大小以储存的水能够满足一次换水使用量即可。

2. 淡化设施条件

（1）室内水泥池淡化 使用现有育苗室水泥池，池子大小均可，放苗密度以 0.5～1.5 千克/米³ 为宜。总体积根据室外池塘中拉出苗的千克数而定。

（2）室外淡化池 选择进海、淡水方便的池塘，大小在 1～2 亩，池高在 2.5 米以上，池内蓄水可达 2 米左右，能够快速排水。池底硬度较好，不能有淤泥。

不论是水泥池还是室外土池，进、排水系统要完善，保证每天进行一个全量的换水量要求。要保证水中的溶氧充足，每 2 米³ 要保证有 1 个气泡石，气量要大，水中溶氧不能低于 5 毫克/升。如低于这个标准，一个方法是加大风量，在风量已最大的情况下增加气泡石量。如因风机原因这两种方法还不行，只能调换功率更大、送风量也更大的风机。

二、种蟹的育肥及交尾

1. 种蟹的收购

北方地区选择在 9 月初至下旬之间收购种蟹，可根据河蟹成熟度及市场价格综合考虑确定收购时间。收购标准和检验方法如下：雌蟹个体重量大于 75 克/只、雄蟹个体重量大于 100 克/只、雌∶雄比为（2～2.5）∶1，肢体健全干净、螯足不能缺，两侧可共缺一步足（四五步足之一），干净，无挂脏、花盖、溃烂、弹簧腿。病害检查：剪取部分附肢或腹部刚毛，或用镊子刮取体表、刚毛附着物镜下检查，解剖检查鳃丝是否有病变和寄生虫。体质通过目测，2秒钟之内能翻身者为健壮。收购种蟹干露时间不能超过24小时，在运输过程中不能淋水、重压。种蟹来源尽量选择从良种场购买性能优良的人工培育良种、选育新品种。

　　收购回来的种蟹入池时要雌雄分开，防止提前交尾（图2-34）。育肥密度为1 000～3 000尾/亩，视种蟹大小及水质情况而定。入池前要将种蟹用200毫克/升浓度的高锰酸钾消毒浸泡1分钟，及时捞出后在距岸边1米左右处将种蟹放入，一定要轻拿轻放，若有死蟹，及时捡出计数。

图2-34　成　蟹

2. 种蟹育肥管理

　　（1）防逃　种蟹育肥池在放入种蟹前，四周要用塑料薄膜布围起来，防止逃蟹，防逃膜离地面的高度要达40厘米以上，下埋要结实，不能有漏洞，防逃膜不能有缺口及破损，每天早晚巡塘，注意防逃设施是否损坏，蟹是否有外逃、缺氧等现象。

　　（2）种蟹育肥及用水处理　种蟹池如果是旧池塘，在进水前应用100～150千克的生石灰处理池底。海水或淡水暂养，进水时要用网袋过滤，需提前1周用50毫克/升的漂白粉处理（根据水质情况不同，可以减少或加大漂白粉的用量）。

在育肥过程中，由于投喂量较大，水质易变质，有条件的地方可采用常流水法培育。没条件的地方可采取定期换水的方式，每10～15天换水1/2。如果水质不好（水发黑、有异味、氨氮高等），应定期用药并适当加大换水量。用药可以选择底质改良剂、碘制剂、溴制剂或氯制剂，每7天或每次换水后使用，也可以选择使用其他药效较好的药品。

（3）正常水质指标　正常需控制的水质理化、生物指标有：水中溶解氧大于4毫克/升，氨氮小于1毫克/升，pH低于9，盐度低于5，水深大于1.2米，水中枝角类和桡足类总量小于50个/升。

（4）水质的调控

①溶氧。水中溶氧如果缺乏，首先要查清缺氧的原因，一般有以下几个方面：一是种蟹放养密度大；二是温度高时种蟹活动剧烈，将池中水搅动混浊，增加了有机物耗氧，同时影响了池内浮游植物的光合作用，产氧降低；三是水中浮游动物量较大，控制枝角类及桡足类数量主要是为了保证水中溶氧的充足，此类浮游动物在水中消耗氧气；四是水深不够。这四种情况既独立又相互关联，应该根据实际情况分析根本原因后处理。

②盐度。海、淡水均可。

③氨氮。对氨氮的控制方法，一是用降氨氮药物，可适当降低氨氮；另一方法是通过换新鲜的水来降低。

④pH。高pH主要是由于水中浮游植物量大引起的，故对pH的控制应通过控制浮游植物量来进行。

（5）性腺比例的测定　在育肥的过程，要定期对雌性种蟹进行性腺比例的测定，性腺比例是指性腺占体重的百分比。将雌性种蟹的背壳剥离，体内紫色的物质就是雌性种蟹的主性腺，俗称"石头黄""第一性腺"等，通过育肥，可将性腺比例由5%左右提升到10%～16%。

（6）投饵　饲料以蛋白含量较高的新鲜小杂鱼（或新鲜冻鱼）、

蛤仔或玉米等为主，鱼要洗净。日投喂量根据蟹的摄食情况灵活掌握，每天傍晚投喂，第二天观察其剩饵情况，以少剩为好。这个投喂比例占蟹体重的 2%～10%。

（7）巡塘　每天早晚巡塘，尤其晚上，蟹一般在前半夜活动剧烈，大量上爬时还会出现"搭桥"现象，巡塘时要注意防逃设施是否损坏，蟹是否有外逃、缺氧等现象。早晨的巡塘主要是为了检查塑料布围是否有破损而晚上没有发现；将晚上上爬蟹捡回池中。

3. 种蟹交尾

（1）交尾池准备　交尾方式有两种。一种是交尾池是单独的，不与育肥池混用。这种方式需提前进水，海水盐度一般视本地情况而定，即使在低盐度的情况下也可交尾，正常盐度在 15 以上。除盐度外，其他条件基本与育肥阶段相同。在交尾前提前 3～10 天，用 20～40 毫克/升的漂白粉对海水进行消毒待用。交尾的另一种方式是，雌蟹的育肥池做交尾池，在交尾前将雌蟹池中的淡水排出大部分，陆续加入海水备用，这个工作在种蟹性腺发育基本达到要求时进行。

（2）交尾抱卵　种蟹交尾时间选择一是不能使最低温度低于10℃，另外主要还是看性腺发育是否良好，在性腺发育较好的情况下，可适当提前交尾。一般情况下，3 天平均水温低于 18℃就可以交尾。

交尾时，先将雌蟹放入备好的海水中（育肥池作为交尾池情况除外），然后将雄蟹捕出按比例放入雌蟹池中，注意雌雄蟹最好不是同一地点收购的，避免近亲交尾。雌雄蟹开始抱对交尾，交尾 3～4 天后拉网检查交尾率。当交尾率达到 95%以上，或交尾率未达到 95%，但水温降至 10℃以下，将雄蟹和雌蟹分开，转到越冬池，雄蟹处理掉。如果温度允许，也可适当延长交尾时间，提高抱卵率。起捕方式：以蟹笼、手抓起捕为主，最后清池。

4. 种蟹越冬

越冬池塘选择防渗漏性好的池塘，进水前需要清底，防止池底存留致病微生物及过量有机物。越冬前要彻底处理海水 1 次，处理用 80～100 毫克/升的漂白粉，尽量减少越冬前期的浮游生物量，防止中后期浮游动物大量繁殖引起的缺氧和浮游植物过量引起的溶氧过高情况。一般要求封冰后水中溶氧不超过 16 毫克/升。下雪后及时清雪，保持明冰面积在 1/3 以上。

越冬池水深要达到 1.7～2 米，越冬盐度的控制要求与翌年育苗用水盐度相近（相差不超过 5），与交尾池的盐度也不能相差太大（不超过 7）。密度可达 2 000～3 000 只/亩。越冬前期可以少量投喂，或者是穿绳投喂。

5. 越冬后管理

该过程指冰融化后到布苗这一期间的管理。

在漫长冬季里，种蟹的代谢使水中的有机质含量增加，特别是进入春天后随着温度的升高，代谢的增加，对水质的影响加大。这时应及时地将老水换去，通常的做法是进行倒池：将原池水抽干后，将种蟹起出放入经消毒的新池，以后 7～10 天换水 1 次，有条件全量换水。随着温度的升高，要及时进行投喂。投喂以野杂鱼为主，进行清洗，用维生素 C 或抗应激药物进行药浴，第一次投喂量为种蟹重量的 1%～2%，以后每天观察种蟹摄食量酌情增减投喂量。

三、育　苗

1. 饵料

蟹苗的天然饵料种类不多，主要是由于蟹苗个体太小，一般饵料适口性差，目前普遍采用褶皱臂尾轮虫作为其饵料（图 2-35）。褶皱臂尾轮虫具有生命力强、繁殖迅速、营养丰富、大小适宜和容易培养的特点，是理想的生物饵料（图 2-35）。生态育苗过程中的首要工作，就是要培养轮虫，满足蟹苗的生存需求。如果自身培养条件不足，可以通过采购方式解决。

轮虫的运输分短途和长途运输两种。短途一般是指从轮虫池

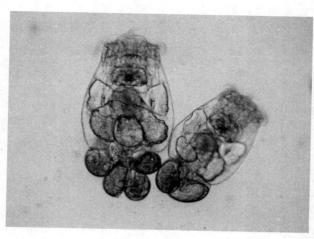

图 2-35 轮 虫

运送到苗池；长途是指运输时间在 3 小时以上的引种。短途运输的方法早期采用加水运输，现在一般采用干运，即将轮虫的水沥干后装入桶中直接运送到苗池；长途运输必须采取带水运输，有的采用塑料桶充气的方法，也有类似鱼苗长途运输使用的塑料袋充氧的运输方法。

2. 苗池管理

（1）**苗池准备**　用于育苗的池塘每年清底 1 次，清淤工具一般是推土机，把表面 10 厘米内的土都推到坝上，此项工作在进水前完成。

（2）**水质控制**　生态育苗生产过程中水质一般不容易调控，水质控制一般在布苗前完成。在每年的 3～4 月进水，水位要保证1.5 米以上。进水时用 150 目的筛绢网过滤。

①盐度。盐度控制在 15～28。

②透明度。布苗前透明度控制在 50 厘米以上，主要通过用漂白粉消毒来达到。

③pH。最好在 9.0 以内，在布苗前处理水时坚持大浓度的漂白粉消毒，保证水的透明度在 50 厘米以上，这样可防止藻类的过

量繁殖引起 pH 升高；增加池水中的浮游动物生物量，也可以使 pH 降低。

（3）布苗　在布苗前 15～20 天进水完毕（根据初潮海水盐度情况确定），前 5～10 天，用 15～30 毫克/升的有效氯漂白粉对育苗用水进行消毒，剂量的掌握主要是根据消毒效果来决定。当水中的有效氯含量消失时，就可以布苗了。

当抱卵蟹的卵粒卵黄减少，色泽由深色变浅至发白透亮时，开始将抱卵蟹装入笼中等待产卵。布苗前对种蟹用 20 毫克/升的高锰酸钾处理 20～30 分钟，检查卵表面有无聚缩虫，挑选发育同步的种蟹进行布苗。

布苗密度：视种蟹抱卵量而定，一般放种蟹的量为 100～130 只/亩。

（4）育苗

①接种轮虫。在排幼前 2～3 天，有条件的要给各个苗池中接种一定量的轮虫，以 300～500 个/升为宜，量大易造成轮虫的过量繁殖，反而不利。

②投喂。生态蟹苗培育的关键，就是模仿自然环境。在这一过程中，我们要做的就是保证蟹苗的饵料——轮虫，在每次投喂前，应观察各池中剩余饵料情况，做到根据观察投喂，尽量做到少量多次。在上风处泼洒入池，在投喂过程中要尽量缩短投喂时间及轮虫的起捕时间，以保证轮虫的活力。随着蟹苗一次一次地蜕皮，其摄食量也逐渐加大，到溞状幼体 V 期达到最大，对河蟹苗来说，其成活的关键就在于溞 V 向大眼幼体这一时期的变态率，所以在溞 V 期应保证蟹苗饵料的充足（图 2-36）。

在轮虫不足的情况下，可采用一些替代饵料如冷冻成盘的轮虫、桡足类或枝角类，但一定要保证饵料的新鲜，投喂量要控制，防止坏水。

③日常管理。主要是观察确定蟹苗的分布情况、摄食情况、变态情况、死亡情况，根据观察结果采取措施，保证育苗效果。

蟹苗的分布是有一定的规律的，它具有避强光、趋弱光的习

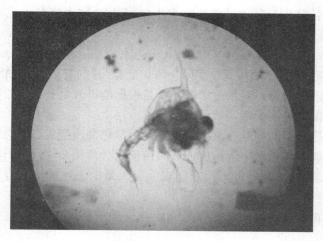

图 2-36　溞状幼体

性。因此，白天一般在池塘的下层活动，晚上的分布能比白天均匀一点，但与光亮也有关系。根据蟹苗分布情况，来确定每天的投喂地点和方式。

摄食情况主要是指蟹苗摄食状态，方法是取样观察，看其胃内是否有食物，根据食物的颜色来判断摄食种类；还可看胃内食物的填满度。好质量的蟹苗要尽量要求其胃内的食物以肉食性为主，并且不能让蟹苗长时间处于饥饿状态。

饵料情况、变态情况和敌害情况可直接观察，取样后用透明容器直接观察水中轮虫的多少、有无敌害、蟹苗的发育情况等（没有经验时发育期一般用显微镜来确定）。在溞状幼体培育期主要的敌害是桡足类。桡足类对蟹苗的危害主要集中在桡足类幼体和成体对Ⅰ期溞状幼体和Ⅱ期溞状幼体的危害，对Ⅲ期溞状幼体以后就不构成危害了。所以控制桡足类的发生，主要是指在Ⅱ期溞状幼体前不能出现桡足类幼体和成体。另外，蟹苗的敌害还有寄生虫，主要是聚缩虫，量大时会影响苗的变态。

蟹苗的死亡在水清时可直接从池中看出，死苗体发白，沉积于水底。死苗的起因，一个水质条件不良，主要表现在 pH 高这一方面；另一方面是营养积累不够，在变态时大量死亡。如果是由于后一个原因，那么在蟹苗的摄食高峰期一定要满足蟹苗对饵料的需求。

3. 淡化

蟹苗起捕前1周要将淡化用海、淡水备好，然后用50～100毫克/升的漂白粉（有效氯28%以上）进行消毒。淡化池使用室内水泥池或室外土池均可。在拉苗前1～2天，淡化池加水，为保证淡化时蟹苗的质量，淡化第一次进水的盐度与室外育苗用水的盐度大体保持一致，相差不应超过5。

由V期溞状幼体向大眼幼体变齐后的第三天开始起捕，过早或过晚都对产量有影响。时机的掌握主要就是看起捕时苗体是否较硬实，放入水中后能否散开。如果能达到这个条件，起捕时间也可提前（图2-37）。

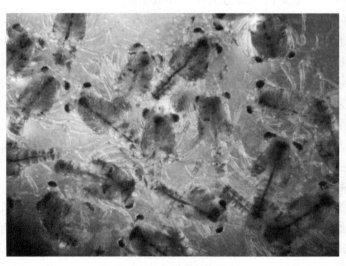

图2-37 大眼幼体

起捕方式分为拉网式和灯诱式。拉网式，采用20～40目的筛绢制成的大拉网，将水面整体都封住，这样经2～3次拉网后基本可拉出90%以上的蟹苗，优点是速度快，缺点是耗费人力、物力。灯诱法，就是利用蟹苗聚光的特性，在晚上点灯诱使其集群，然后用抄网捞起，这种方法的优点是不伤苗，缺点是费时、不易起尽。

起捕的苗放入准备好的淡化池内进行淡化，以每立方米水体0.5～1.5千克为宜。淡化池内第一次进水为海水，以后换水全部用纯淡水。淡化入池时要根据不同育苗池蟹苗的变态蜕皮时间情况，分池淡化。

（1）投饵方法　入池后每天的投饵量为蟹苗入池重量的50%以内，投饵间隔时间为2～3小时。在投喂过程中要注意池内饵料的剩余情况，随时观察池水中是否有悬浮的饵料，并坚持每天打底，观察池底是否有剩余饵料。如果饵料有剩，要减少投喂量或在有饵的情况下不投。在淡化过程中，要时刻注意盐度的变化，尤其在售苗前一定要保证蟹苗生存水环境的盐度在5以下。

（2）水质要求　pH控制在6.5～8.7，DO≥4毫克/升。每天换水前后对所有池子进行测量盐度、pH。DO值每2小时测定1次，超出范围时采取加大换水量、投放水质调节剂等应急措施。

经过5～7天的淡化，在临近大眼幼体蜕皮前出售。出售前进行病害检测，有聚缩虫、烂鳃、菌丝的苗不能出售。对苗活力判断标准是：打底的过程中发现有变态的仔蟹后，在没有饵料的情况下甩干大眼幼体表面的水分，用手抓一大把苗，攥紧后松开，蟹苗能快速散开而不打团时即可出售。

4. 售苗

为了保证售苗时不含杂质，售苗前0.5天停止投饵（可投适量的轮虫，轮虫体积小，集苗时不会带入）。售苗时先将要出售池子的气阀关闭，气泡石取出，待苗上浮后用30目筛绢制成的网集苗。集苗后将苗收集到30目筛绢网制成的小手抄网中，将水沥干，然后到电子秤上称量，放入特制蟹苗箱中，注意箱与箱之间不能有缝隙，然后用打包带打结实，运输时要避免日晒雨淋、受热，需阴凉处放置（图2-38）。

图 2-38 售苗现场

第四节 蟹种（扣蟹）养殖

扣蟹养殖稻田的水稻栽培在秧苗培育和插秧、施肥、稻田管理等环节与普通稻田没有差异，但扣蟹养殖稻田要在 5 月底前完成插秧，少施农药，不能使用有机磷类农药。

一、蟹苗选购

蟹苗要选择土池生态培育蟹苗，育苗厂家须有苗种生产许可证。蟹苗采购时应注意，蟹苗淡化达到 6 整天以上，出池盐度低于 5，以口尝池水没有咸味为准；蟹苗游动迅速、逆水性强，水中捞出体色晶莹、浅黄色，体色一致，把水沥干，用手抓一把轻轻一攥，松开后蟹苗能迅速向四面散开，用显微镜观察体表无寄生虫；出苗前 4 小时要停止投饵，停止充气 10 分钟后灯光诱捕（图 2-39）。

二、蟹苗运输

蟹苗运输使用专用蟹苗箱或蟹苗袋。近距离运输一般使用蟹苗箱，蟹苗箱为叠式，每只苗箱框架长 60 厘米、宽 40 厘米、高 10 厘米。四侧留窗孔，窗孔和框底用 20 目筛网绷紧钉牢。每叠苗箱 5 个一组，上层用苗箱盖，箱框间要无空隙，运输时捆紧扎牢。每箱装苗 0.5～0.75 千克，蟹苗装箱后，将其摊平，厚度以 3～4 厘米为宜，避免成堆。而后将箱体上口封死，把箱平稳放在运输车内。在运输途中，要保持苗箱表面的湿度，防止蟹苗鳃部失水受伤。方法可用湿毛巾盖在苗箱上方和四周，要防止风吹、雨淋和曝晒。

长途运输多使用蟹苗袋，苗袋规格 30 厘米×40 厘米，用拉链封口。每袋装苗 0.5～1 千克，用泡沫箱降温运输。泡沫箱内做隔层，底层放冰冻矿泉水，上层铺一层新鲜苇叶后平放蟹苗袋，盖上泡沫箱盖，泡沫箱四周打孔，用湿毛巾等保持运输车内湿度（图 2-40）。

图 2-39　优质大眼幼体

图 2-40　大眼幼体干法长途运输

三、蟹苗投放

蟹苗运达稻田后要卸下蟹苗箱，放在阴凉通风处。泡沫箱运输的蟹苗要打开箱盖，取出冰冻矿泉水，待蟹苗箱内温度与自然气温相近时放苗。放苗时，首先将蟹苗箱或苗袋浸水 1～2 次，均匀投放稻田四周。

为了提高蟹苗成活率，投放蟹苗前要注意以下几点：

1. 水位

稻田要在放苗前 10 天左右插秧，放苗时灌足新水，水深保持 10 厘米，认真检查进、排水口和田埂是否有漏水的地方。

2. 检测

稻田水质要进行检测，因为稻田使用大量底肥和尿素，使水中氨氮、亚硝酸盐超标，对蟹苗成活率影响较大。

3. 水温

5 月底至 6 月初，晴天下午水温超过 30℃，造成蟹苗大量死亡，因此，要选择清晨或傍晚放苗，切忌在高温时段放苗。

4. 饵料

稻田多施有机肥，培养枝角类等天然饵料，可提高蟹苗成活率和变态率。

5. 试水

考虑化肥和农药毒性，可先试水后投苗。方法是用 20 目筛网围好稻田一角，到育苗场取少量蟹苗投放，1 天后蟹苗活动正常，即可放苗。

四、放养密度

稻田扣蟹养殖，根据蟹苗投放密度分直养和暂养两种模式。直养模式是每亩稻田投放 0.15～0.25 千克蟹苗养成扣蟹，到秋天捕捞销售；暂养模式是每亩稻田投放 2～3 千克蟹苗，养殖 20～30 天到 3～5 期幼蟹捕捞，再投放到其他稻田进行养殖，投放数量根据规格、质量、成活率灵活掌握。

直养模式的优点是劳动强度较低，前期不用投喂饵料，扣蟹生长快，但对稻田前期管理要求较高；暂养模式的优点是苗种成活率较高，扣蟹养殖稻田可正常使用化肥和农药，易于操作，但在暂养期间密度大，扣蟹生长较慢。

为了提高河蟹和水稻的产量，一般要进行蟹苗暂养，也可以根据实际情况直接进行放养。

五、蟹苗暂养

暂养池面积为稻田扣蟹养殖面积的 1/10 左右，暂养池面积最好为 1～2 亩。有独立的进、排水系统，进、排水口对角设置，四周设防逃墙。暂养池要求不施农药，特别是有机磷类除草剂，尽量少施或不施化肥。放苗前 10 天施有机肥，如腐熟的鸡粪 150～250 千克/亩，放苗前 7 天施 EM 菌改善水质。如果蟹苗投放前水中淡水枝角类密度过大，可用捞网捕捞到其他稻田。

六、暂养池饵料投喂

大眼幼体在变态之前，主要摄食淡水枝角类，如果天然饵料不足，可投喂鲜活的水蚤、卤虫或鱼糜、熟猪血、豆渣等。饵料的投喂量变态前为蟹苗总量的 100%，每天分 4～6 次投喂。变态后，投喂的饵料以搅碎的低质鱼虾为主，每天 2 次，投喂量为蟹苗总量的 200%。其中，6:00 左右投喂 1/3；18:00 左右再投喂 2/3。饵料投喂以无剩饵为标准及时增减。暂养期间要勤换水，3～5 天换 1 次水，每次换水 5～10 厘米。

七、分苗与投放

蟹苗在暂养池长至 3～5 期仔蟹，规格达到 4 000～8 000 只/千克时，开始起捕分苗，放入稻田进行扣蟹养殖。投放到养殖稻田的仔蟹密度，一般以 2 万～3 万只/亩为宜。密度过低，会影响养殖稻田的利用率，性早熟蟹比例增大；密度过高，会增加池中蟹苗互相残杀的机会，影响蟹苗的养殖成活率，同时也使扣蟹出池规格变小，也容易出现懒蟹。

仔蟹起捕时根据逆水习性，流水刺激，在进水口设置倒须网或埋塑料桶捕捞，因仔蟹在早晨和傍晚出来觅食，因此起捕时间以早晨或傍晚为宜。起捕后测量仔蟹规格，根据养殖稻田每个田块的面积称重投放。

八、饲养管理

在直养模式中大眼幼体变态成仔蟹或暂养模式中仔蟹投放稻田后，稻田养殖扣蟹进入饲养管理阶段，认真做好饲养管理工作，是获得稻蟹双丰收的根本保证。

1. 水质管理

水稻种植和河蟹养殖在用水需求方面有所不同，水稻种植在插秧初期及中后期需要经过几次晒田，把稻田水排干，而河蟹养殖要保持稳定的水位。通过以下方法可缓解水稻种植与河蟹养殖在用水需求方面的矛盾：一是注意观察河蟹生长情况，晒田时避开河蟹集中蜕壳期，因为河蟹蜕壳后活动能力和抵抗能力差，缺水易造成河蟹死亡；二是晒田时不要施用农药和化肥，避免水中农药和化肥浓度高造成河蟹死亡。日常管理中，水位在不影响水稻生长的前提下尽量加深。春季水位控制在 10～15 厘米，以后随着水温的升高和秧苗的生长，应逐步提高水位至 15～20 厘米；夏秋季昼夜温差大，因而将水位加至稻田可承受最高水位。养蟹稻田定期换水，一般每 5～7 天换水 1 次，每次换水量要达到 50％以上。进入夏季高温季节，要加大换水次数和换水量，增加水中溶解氧的同时降低水温、氨氮和亚硝酸盐含量。为了不影响河蟹在傍晚摄食，换水一般在上午进行。

2. 投饵管理

扣蟹饵料有三种：一是动物性饵料，如新鲜野杂鱼、小虾、螺类等；二是植物性饵料，如蔬菜、水草等；三是全价配合饲料。扣蟹养殖早期，6—7 月初以投喂配合饲料为主搭配动物性饵料，配合饵料要求粗蛋白含量在 30％以上，最好含有促进蜕壳物质，投喂量为扣蟹重量的 10％～15％；中期，7 月中旬至 8 月末投喂以植物性饵料为主搭配配合饲料，植物性饵料占扣蟹重量的 30％，配合饲料约占扣蟹总重量的 3％；后期，9 月要根据扣蟹生长情况进行投喂，如果扣蟹规格小要加大投喂量，投喂配合饲料，日投饵量约为蟹种总重量的 10%，扣蟹规格大要减少投喂量或不投饵。饵料每天投喂 2 次，6:00 投喂全天饵料的 1/3，18:00 投喂全天饵料量的 2/3。投饵量要根据扣蟹摄食情况进行及时调整，每次投饵以 2 小时内吃完为宜，河蟹蜕壳期间减少饵料投喂量。饵料投喂沿稻田坝埂四周均匀泼洒。

3. 蜕壳期管理

幼蟹在养殖过程中一般蜕壳多次，刚投放时每 3～7 天蜕壳 1 次，以后随着个体的增大，蜕壳间隔期加长。蜕壳期是河蟹生长的敏感期，需加强管理，以提高成活率。一般幼蟹在蜕壳前摄食量减少，体色加深，可施入生石灰 10 千克/亩，同时增加动物性饵料和新鲜水的刺激促进蜕壳。河蟹在蜕壳后蟹壳较软，需要稳定的环境，一般栖息在水稻根须附近的泥中，此时不能施肥，饵料的投喂量也要减少，待蟹壳变硬、体能恢复后沿田边寻食，需适当增加投饵量，强化河蟹的营养，促进河蟹生长。

4. 日常管理

稻田培育扣蟹的日常管理，主要是巡田检查，每天早、晚各 1 次。查看的主要内容有：防逃墙、田埂和进出水口处有无损坏，如果发现破损，应立即修补。观察河蟹的活动、觅食、蜕皮、变态等情况，若发现异常，应及时采取措施。要及时清除稻田内河蟹敌害生物，如老鼠、青蛙、鳌虾、泥鳅和蛇类等，同时也应清除残饵，以防其腐烂变质，影响水质。在河蟹的生长期内，每半个月施 1 次生石灰，一般用生石灰 5 千克/亩，可以调节水质，保持水质良好；增加稻田中的钙质，以利于河蟹生长、蜕壳；可以杀灭稻田中的敌害生物。使用生石灰后 3～5 天，可以施 EM 菌，改善水质，增加水中有益菌群数量，防止疾病发生。在风雨天，要及时排水，以防雨水漫埂。

九、农药使用

扣蟹养殖的稻田尽量不施农药，河蟹摄食水稻害虫的幼体，因此，养蟹稻田水稻病虫害相对较轻，但因气候或其他稻田传播，养蟹稻田病虫害时有发生。如果使用农药应选择高效低毒的农药，严格控制用药量，同时先将稻田水加深，用喷雾器将药物喷在水稻叶片的上面，尽量减少药物落入水中。用药后如发现河蟹有不良反应，应立即换水。

十、扣蟹起捕

稻田培育的扣蟹一般在 10 月初开始捕捞。捕捞的方法主要有 2 种：一是流水捕捞，利用河蟹逆水的习性向稻田灌水，边灌边排，在进水和出水口设置地笼、埋下盆或水桶，盆和桶的边沿与稻田地面持平，定时起捕；二是干法捕捞，把稻田水全部排干后，每个田块四周靠防逃墙处设置陷阱，陷阱面积一般 1~2 米^2，深 40 厘米，长方形，底部和四周铺塑料薄膜，天黑后河蟹从稻田爬出，沿防逃墙巡边时落入陷阱后捕捞。

流水捕捞时稻田进、排水沟水量要充足，电力要满足用电需求，起捕的劳动强度大，但起捕率较高；干法捕捞虽然起捕率没有流水捕捞高，但简便易行，省水省电，不影响水稻收割，因此，稻田养殖扣蟹多采用干法捕捞。

十一、越冬与销售

扣蟹起捕后需在土池越冬后进行销售。北方地区封冰期达到 4 个月以上，因此越冬管理非常重要，如果措施不当，将造成严重损失。

1. 越冬池的选择

越冬池应选择安静、靠近水源、进排水方便、池坝清洁无杂草、堤坝夯实无漏洞、池底有 5~7 厘米的淤泥、底质保水性能较好的池塘。越冬池塘在 4~8 亩为宜，池深 2 米左右。河蟹越冬最适宜冰下水深 1.5 米，要求水面开阔，以东西走向为好，以增加池面的光照时间。

2. 清淤消毒

河蟹入池前 15 天，对越冬池清淤消毒。因为，淤泥中的有机质在分解过程中消耗大量的氧气，易造成底层缺氧。另外，有机物分解会产生氨氮、硫化氢等有害物质，影响河蟹的安全越冬。淤泥用泥浆泵清除，用生石灰 200 千克/亩消毒。

3. 越冬池注水

越冬池清整消毒后，要注入清新没有污染的水，一般要求水体透明度最好在 40～50 厘米。池塘进水要经过严格的过滤，最好用 150 目网袋过滤，防止野杂鱼、虾、枝角类、桡足类等浮游动物进入越冬池。新池塘或水质过清的越冬池，水体内浮游植物含量过低，可在结冰前，施用复合肥或生物肥适当肥水，培育浮游植物。

4. 防逃设施

防逃墙材料采用塑料薄膜，每隔 50～60 厘米用竹竿做桩，将薄膜埋入土中 10～15 厘米，剩余部分高出地面 50 厘米以上，上端用尼龙绳做内衬连接竹竿，用铁线将薄膜固定在竹桩上，然后将整个薄膜拉直，向内侧稍有倾斜，无褶无缝隙，拐角处成弧形，形成一道薄膜防逃墙。

5. 强化培育

越冬前，河蟹必须经过强化培育，储存足够的能量，保证河蟹越冬期间代谢的营养需求。强化培育饵料主要以植物性饵料为主，有豆粕、高粱、玉米等，投喂后 2 小时内吃完为宜，投饵量一般不超过扣蟹总重量的 1%，傍晚前后投喂，水温降到 5℃以下不用投喂。

6. 越冬密度

扣蟹从稻田捕捞后，根据不同的规格分池越冬。没有增氧设施的池塘，投放扣蟹 500～750 千克/亩；保水性能好、有增氧设施的池塘，可投放扣蟹 1 000～1 500 千克/亩。越冬扣蟹体质要好，每个池塘扣蟹规格要整齐。

7. 越冬期管理

（1）定期检查蟹池及水质情况　主要是检查水中溶氧变化，若溶氧低于 5 毫克/升时，应采取增氧措施。无测氧条件的，可以靠观水色判断水质好坏，正常时水色呈蓝绿色；水质浑浊、变黑暗并有腥臭味，是水质变坏缺氧的先兆。另外，还要经常检查蟹池是否漏水，以便及时采取措施补救。

（2）坚持冰封池塘扫雪和打冰眼　及时扫雪，是为了阳光透入水中，增强浮游植物的光合作用，实现生物增氧。打冰眼是为了增加水中氧气，并排出二氧化碳、氨氮等有害气体，同时，也便于观察池内水质变化情况。冰下缺氧或有害气体及杂物污染水体时，浮游动物及小鱼虾等会首先密集于冰眼处，要及时采取措施。打冰眼要打成东西向长方形，每亩水面打 5 米^2 即可。每天早晨和午后各打 1 次，以防冰眼冻结。

（3）根据水的颜色在冰眼处挂袋施无机肥（禁施有机肥）施无机肥的作用是增加浮游植物的密度，增强水中光合作用。网袋规格为 20 厘米×40 厘米，把碳酸氢铵和过磷酸钙按 2：1 的比例混合好，每袋装肥 1～1.5 千克，用绳子系好挂于冰下水体中央，绳子的上端用竹竿等物系好卡在冰上，一般每亩水面挂 2～3 袋。

浮游动物大量繁殖不仅消耗溶解氧，还会大量摄食浮游植物而降低光合作用，使池水缺氧，可施敌百虫等药物杀灭。

（4）定期灌注新水，提高水位　刚结冰时给蟹池灌满水，以保持一定水位。结冰期池水水位下降过大时应灌水保持水位，这既能补氧，又可调节水质。注水量按水位和水中溶氧情况来定。

（5）增氧机的使用　每天定期开动增氧机进行增氧，也可通过加注新水、冰眼处施增氧剂进行增氧。如以上条件不具备，要及时采取捕捞扣蟹、降低扣蟹密度等措施，减少损失。

8. 销售

越冬池扣蟹要在春季水温上升到 18℃ 以前捕捞销售。因为，水温升高后河蟹活动量逐步加大，导致河蟹体质下降。特别是水温超过 20℃，扣蟹在越冬池蜕壳后互相残杀，成活率降低。

越冬池扣蟹需多次拉网捕捞，冬季冰下拉网，春季降低水位后拉网。扣蟹捕捞 80％以上后，把池塘水基本排净，留下底部深坑部位的水，在深坑周围再做一层防逃墙，然后夜间进行注水、白天排水。在注水口埋下盆和桶，周围下地笼，经过 3～5 天操作，基本将越冬池扣蟹捕净。

第五节　成蟹养殖

东北地区和西北地区气温、水温相对较低，适宜河蟹的生长期较短，稻田商品蟹养殖的整个养殖周期较长，养殖时间是 4—10 月。根据养殖环节，稻田商品蟹养殖可以分为三个阶段，即春季扣蟹池塘集中暂养（4—5 月）阶段、夏季水稻河蟹生产管理（6—8 月）阶段、秋季商品蟹捕捞育肥上市（9 月以后）阶段。

一、蟹种选购

要求蟹种规格整齐、体质健壮、体色光泽、无病无伤、附肢齐全，特别是蟹足指尖无损伤，体表无寄生虫附着；规格以 100～160 只/千克为宜；脱水时间尽可能短，出水后应最短时间运到目的地。应根据稻田养殖面积、放养密度以及放养时间提前做好准备，要求上年 11 月或当年 3 月底完成蟹种调运工作。

二、蟹种暂养

1. 暂养池选择

蟹种暂养应选择在靠近养蟹稻田、水源充足、进排水方便、交通便利、环境安静的地区，最好选择与养蟹稻田有沟渠相通的水池，也可以预留一块稻田作为暂养池。

2. 暂养池工程

暂养池塘通常为长方形，坡比 1∶（2～3），深度 100 厘米左右；池埂四周用塑料薄膜做防逃墙，进、排水口用双层网片包扎，防止蟹种逃脱；放养前应对暂养池塘进行清淤，清除多余淤泥，保证底泥厚度 10 厘米左右；在放蟹种前 7～10 天，用生石灰消毒（暂养池带水 10～20 厘米），每亩用量为 75 千克，并培养水质，使水体"肥、活、嫩、爽"；暂养池内应移栽水草或设隐蔽物，种植沉水性水草，水草移栽面积约占池塘面积的 1/3，若水草缺乏，可用树枝、芦苇等扎成直径 30 厘米的小捆固定在池边水底，形成河蟹隐蔽场所；在有条件的情况下，每亩投放田螺、螺蛳、河蚌等底栖动物 200 千克。有的地方探索利用稻田边沟做暂养池。

3. 暂养密度

暂养密度为每亩投放扣蟹不超过 3 000 只。

4. 暂养入池

调运的蟹种在放入暂养池前要进行缓苗处理。方法如下：将蟹种连同包装袋一起浸水后取出放置 2 分钟左右，重复浸 3 次后，打开河蟹的背壳观察鳃丝，使蟹种鳃丝吸足水分呈分散光滑状态，随后用浓度为 10～20 毫克/升的高锰酸钾溶液或 3%～5% 的盐水浸浴消毒 3 分钟。在池塘四周设点，将蟹种均匀摊开使其蟹自行爬入水中（图 2-41）。

图 2-41　蟹种长途运输、消毒入池

5. 暂养期管理

（1）饵料投喂　蟹种饵料分为植物性饲料（如豆饼、花生饼等）和动物性饲料（小杂鱼、螺蛳肉、河蚌肉、动物下脚料等），动物性饲料比例应占60％以上；饲料要求新鲜、适口，配合颗粒饲料粗蛋白含量在38％以上，在水中稳定4小时以上。应做到早投饵，当水温达到6℃时，可以投喂；每天投喂量占蟹种总重量的2％～5％，根据季节、天气、水温和摄食情况灵活掌握；每天投喂2次，8：00～9：00投喂量占日投喂量的25％，17：00～18：00投喂量占日投喂量的75％；饵料投放在池边浅水区（图2-42）。

图 2-42　稻田养蟹专用商品饲料

（2）水质调控　暂养期间，池塘水浅、密度大、氨氮高、水质混浊，应特别注意水质调节。

主要做法是：逐步加深水位，调节水质，每次加水或换水后，使用消毒净水剂全池泼洒，净化水质，并随时观察、检测水质（图2-43），及时发现问题，采取有效措施，改善水质。通常蟹种入池保持水位60厘米左右，3天后，每周加注新水1次，随着水温的升高，逐渐加注新水，保持水位80厘米左右。有条件的地方，可根据水质情况每7～10天换水一次，每次换水量在1/4～1/3，加水或换水宜在10：00左右进行。换水后用20克/米³生石灰（或0.1克/米³二溴海因）消毒水体，消毒后7天用生物制剂调节水质，预防病害；定期使用底质改良剂，促进池泥中的有机物氧化分解，降低池底有毒物质对河蟹的影响。水质要求pH控制在7.5～8.5，透明度30～40厘米，溶解氧5毫克/升以上，氨氮含量小于1毫克/升。

（3）巡查管理　坚持每天早晚各巡池1次，主要察看蟹种活动

图 2-43　现场水质检测

是否正常，水质有无变化，防逃及进排水口有无漏洞，尤其是雨天更要注意观察，发现问题及时处理。早晚巡查，观察扣蟹摄食、活动、蜕壳、水质变化等情况，发现异常及时采取措施。掌握扣蟹蜕壳规律，蜕壳高峰期前 1 周换水、消毒；蜕壳高峰期避免用药、施肥，减少投喂量，保持环境安静。加水时严防蟹种顶水逃逸。在池塘四周设置器械，防止敌害生物捕食蟹种。

　　（4）蟹种放入养殖田　水稻插秧后，及时起捕蟹种。起捕时，先将池塘水位降低到 50 厘米，将蟹笼纵横交错放入池塘中，注水刺激河蟹活动，使河蟹自动爬入蟹笼中，起捕后及时放入养殖大田中。测量蟹种体重、平均规格，以确定放入大田密度（图 2-44）。

图 2-44　暂养池塘蟹种捕捞

　　应尽早将暂养蟹种放入养殖大田，因为暂养池中河蟹密度大，随着投饵量的增加和水温的升高，容易造成暂养池底质和水质恶化，使河蟹发病。另外，蟹种也会因为密度大，在池边打洞，变成"懒蟹"。

三、田间管理

1. 稻田准备

放蟹种前 20 天，稻田不可施农药，放苗用水进入后不可施用化肥。投放蟹种前，要将稻田内青蛙、鼠、蛇等清除干净。在环沟中尽量培植适量的水草（移栽苦草、轮叶黑藻等沉水性植物），以利于扣蟹的栖息、隐蔽和蜕壳。

2. 蟹种规格

蟹种投放要根据暂养规格调整投放密度，一般每亩投放经暂养规格为 50～100 只/千克的蟹种 350～400 只。要求蟹种色泽光洁，体质健壮，爬行敏捷，附肢齐全，无疾病。蟹种放养前，可用 20 克/米^3 高锰酸钾溶液浸浴 5～8 分钟或用 3‰～5‰食盐水浸浴 5～10 分钟消毒。

3. 蟹种入田

蟹种在每一个养殖单元的水稻插秧结束后 2 天内放养，做到随插随放，一次性放足蟹种。此时，可以通过河蟹吃食水草芽达到替稻田除草的目的，若稻田中的水草长出水面后再放蟹种，因河蟹剪不断水草，则发挥不了河蟹除草的作用。在围栏养殖单元内的多个地方设点，将扣蟹投放在田边，由河蟹自行爬入稻田（图 2-45）。要注意放养前要换掉稻田内的老水。

4. 水位控制

商品蟹养殖全过程均需保持适当的水位。因此，应配备水泵、抽水机等补水设备，以便水渠断水时补水。养蟹稻田水位应保持在 20 厘米，最低不得低于 10 厘米，水稻孕穗期可适当加深水位。在条件许可时，尽量多换水，保证每 7～10 天换水 1 次，换水量为 1/3～1/2。换水时要注意水温差不超过 3℃，并防止急水冲灌，干扰河蟹正常生活。

5. 调节水质

每次换水后使用 15～20 克/米^3 生石灰（或 0.1 克/米^3 二溴

图 2-45 适时投放扣蟹

海因）化水泼洒消毒水质，7 天后使用生物制剂改良调节水质。定期监测水质，及时调控。养蟹稻田水中溶解氧应保持在 5 毫克/升以上，pH 在 7.5～8.5，氨氮含量小于 1 毫克/升。蟹沟定期用光合细菌、消毒制剂进行消毒。水质消毒和改良制剂必须晴天使用，连续阴雨天不能使用；在连续阴雨天、气压较低的情况下，可适时向水中泼洒生石灰调节 pH，泼洒增氧剂，增加水中溶氧。换水条件不好的地区，可每 15～20 天消毒调节水质 1 次。7、8 月高温季节，水温较高，水质变化大，河蟹易发病，要经常测定水的 pH、溶解氧、氨氮等水质指标，保证经常换水和加水，及时调节水质。

6. 投饲管理

（1）饲料要求新鲜，无腐败变质 动物性饲料如小杂鱼、螺蚌肉等，植物性饲料如水杂草、豆饼（粕）、玉米渣，以及全价颗粒配合饲料等，都可作为蟹种的饵料。

（2）投饵要做到定时、定质、定量、定点 投喂点设在田边浅水处，多点投喂，日投饵量占河蟹总重量的 5%～10%。通常每天投喂 2 次，6:00～7:00 投喂 1 次，投喂量占日投喂量的 1/3；每天 17:00～18:00 投喂 1 次，投喂量占日投喂量的 2/3。每次投喂都在固定位置，将饲料投入在田边的浅水区，可多点投喂。要采用观察投喂的方法，注意观察天气、水温、水质状况和河蟹摄食情况，灵活掌握投饵量。阴雨天、气压低、水中缺氧的情况下，尽量少投饵或不投饵。特别要注意根据河蟹的吃食情况及时调整投喂量，切忌盲目投喂，遵照初期促长大、中期控规格、后期抓育肥的投饵方法。投喂的河蟹饲料呈块状或颗粒状，避免因饲料颗粒小、河蟹无法采食造成饲料损失。饲料呈品字形投放在蟹沟两边的稻田中，以翌日早晨无剩为准。

（3）投喂采取"两头精、中间粗"的原则　按照河蟹生长和营养需求规律，分三个阶段：

①第一阶段（蟹种入田后至 7 月中旬前）。此期光照充足、温度适宜，是快速生长期，应多投喂动物性饵料，促其快速生长。要求小杂鱼、螺蛳、河蚌以及动物下脚料等鲜活动物性饵料或全价饲料占 60%，豆粕、玉米、小麦等占 40%。每天投喂 2 次，上午占日投饲量的 10%，下午占日投饲量的 90%，日投饲量为河蟹总体重的 5% 逐渐增加至 8%。

②第二阶段（7 月中旬至 8 月中旬）。此期是生长旺季，要求玉米、小麦、豆饼等植物性饲料、动物性饲料各占 50%。做到荤素搭配、青精结合；动物性饲料与植物性饲料并重控制规格；每天投喂 2 次，日投饲量为河蟹总体重的 8%～10%。

③第三阶段（8 月下旬至上市前）。此期为养殖后期，也是转入育肥的快速增重期，动物性饲料占 70%、植物性饲料占 30%。每天投喂 2 次，日投饲量为河蟹总体重的 8%～10%。整个养殖期在有条件的情况下，向稻田中投放田螺、螺蛳或河蚌等底栖动物，它们既可以吃水中残渣剩饵，清洁水体，又可作为河蟹的优质动物饲料。

7. 日常管理

（1）要做到勤观察、勤巡逻　每天都要观察河蟹的活动情况（尤其是高温闷热天气）、水质变化情况、河蟹摄食情况（残饵情况）。每天早晚巡查河蟹有无死亡、堤坝有无漏洞、防逃设施有无破损等情况，发现问题及时处理。设置敌害清除器械，随时清除敌害（包括鸟、青蛙、鼠、蛇）。

（2）做好生产日志 在养殖过程中，定期抽样进行生长测定，记好生产日志。

8. 蜕壳期管理

仔细观察河蟹每一次的蜕壳时间，掌握蜕壳规律。蜕壳高峰期前一周换水、消毒。蜕壳高峰期避免用药、施肥，减少投喂量，保持环境安静。注意事项：①每次蜕壳前，要投喂含有蜕壳素的配合饲料，力求蜕壳同步，同时增加动物性饵料的投喂量，动物性饵料投喂比例占投饵总量的50%以上，投喂的饵料要新鲜适口，投饵量要足，以避免残食软壳蟹；②在河蟹蜕壳前5~7天，稻田环沟内泼洒生石灰水5~10克/米³，增加水中钙质；③蜕壳期间，要保持水位稳定，一般不换水；④投饵区和蜕壳区必须严格分开，严禁在蜕壳区投放饵料。

9. 病害防治

北方地区常见河蟹病害有水肿、烂鳃、烂肢、肠炎、蜕壳不遂等。应坚持以生态防治为主的原则，主要措施有：①池塘消毒要彻底，并勤观察、勤换水或勤加水，保持水质清新；②定期可用二溴海因或生石灰等，对环境、水体、蟹种、投饲点进行消毒；③每半个月用光合细菌或芽孢杆菌泼洒全池，调节水质，抑制病菌繁殖；④科学投饵，掌握好投饵量和品种，做到定点、定时、定质、定量，提高河蟹体质。

河蟹一旦发病，应采用封闭式管理，积极治疗，避免交叉感染，导致更大范围的蟹病发生与流行。常见防治方法：①使用二溴海因或溴氯海因等消毒剂消毒、处理水质。每隔20天左右，用生石灰按75~120千克/公顷沿稻田环沟泼洒。或使用二溴海因杀菌消毒，二溴海因用法与用量为：预防用量为0.1克/米³；治疗用量为0.2~0.3克/米³，病情严重时隔天再用1次。②对于肠道病，要投喂药饵，可以在饵料上喷洒乳酸菌，来改善肠道中的菌群，既可增强河蟹免疫力，又可提高河蟹品质。但要注意喷洒乳酸菌后，饵料要用鸡蛋挂膜，否则乳酸菌会溶入水中，降低效果，起不到良好的预防作用。③对于蜕壳不遂症，除了消毒、处理水体外，还要保证饵料的质和量，同时饵料中要加入一定量的蜕壳素。注意用药治疗时要避开河蟹的蜕壳期。

四、成蟹起捕与销售

1. 河蟹起捕

北方地区 9 月中旬进入河蟹性成熟季节，开始捕捞。可利用河蟹性成熟夜晚大量上岸的习性，将大部分河蟹在防逃围栏边徒手捕捉，也可辅以地笼捕捞、灯光诱捕等方法，操作时注意保持河蟹的附肢完整。河蟹捕捞一直可延续到水稻收割，收割后每天捕捉田中和环沟中剩余河蟹，到捕净为止。起捕河蟹可根据市场情况，有选择出售或集中育肥暂养（图 2-46）。

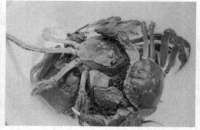

图 2-46　水稻、河蟹双丰收

2. 育肥暂养

为提高河蟹品质，商品蟹上市前均进行育肥暂养。将经过分拣的附肢完整、无病无伤的商品河蟹，移入适宜网箱或池塘集中暂养育肥，每亩暂养商品蟹 250～300 千克。有条件的地方，可采用在池塘中放置网箱分级暂养（图 2-47）。育肥暂养期间，饲料以动物性饲料为主。9 月日投饲量占河蟹重量的 7%～8%；10—11 月上旬日投饲量占 5%～7%；11 月中旬后，日投饲量为蟹总体重的 1%～3%。

图 2-47　商品蟹集中分级暂养上市

3. 河蟹销售

将商品蟹按规格，按雌、雄分袋包装，创建品牌，注册商标，分级陆续上市销售（图 2-48）。

图 2-48　品牌河蟹销售

第六节　河蟹养殖主要病害和防治技术

一、河蟹发病的主要因素与防治原则

河蟹病害的发生，主要是宿主、病原和环境综合作用的结果。稻田养殖河蟹受环境影响尤为突出，主要是水位受限，农药、化肥污染，光照不足等，在不断恶化的生态环境中养殖的河蟹，其正常的生理活动和抗病能力下降。当生长环境恶化或河蟹抗病能力的下降超过一定限度时，病原微生物易感染蟹体引起病害。因此，河蟹病害是稻田水环境恶化的结果，病害一旦发生，单靠药物治疗，不易取得理想的效果。

1. 河蟹发病的主要因素

（1）外部因素　河蟹病害的发生，是外部因素与河蟹机体内部因素相互作用的结果。外部致病因素，包括环境因素与生物因素。环境因素不但导致河蟹机体抵抗能力发生改变，较差的水体环境还可导致病原微生物大量繁殖及毒力增强，特别是河蟹在蜕壳期间，其对外界环境的抵抗力是最为薄弱之际，此时极易造成河蟹死亡。

①环境因素：包括水温、pH、盐度、溶氧、氨氮、硫化氢污染的水质及药物滥用的影响。环境因素的变化，使河蟹的生理活动发生相应的变化，如觅食、避让和隐蔽等。稻田养殖河蟹，易造成水温过高，农药、化肥污染严重，氨氮超标等，如果环境条件的变化剧烈时，河蟹自身免疫能力下降，细菌、寄生虫的感染、寄生，便会罹患疾病。

②生物因素：包括病毒、细菌、真菌、寄生虫、藻类等，这些能够使河蟹生病的生物称为病原体。

病原体的致病力与病原体的数量有关。细菌等病原体的生长，需要适宜的水温和营养物质。稻田环境光照不足，淤泥多，为病原体的生长提供了有利的环境和营养物质。河蟹蜕壳时易受同类或敌害生物攻击，重则死亡，轻则受伤，为细菌、病毒等微生物进入体内提供了途径。病原体感染又使河蟹体质变弱，对更多的病原体易感及不良环境的耐受力降低，从而促进疾病的发生。

（2）内部因素　包括营养状况、河蟹本身的抗病力等。营养差、抗病力下降时，河蟹易受病原体感染而患病。因此，稻田养殖河蟹要科学投喂，保持营养均衡，提高河蟹自身免疫能力，可减少病害的发生。

环境恶化、病原体数量增多、河蟹自身免疫能力下降三者共同作用，导致疾病的发生。环境因素是疾病发生的首要因素，而环境恶化主要是养殖管理不当所引起的；其次是河蟹自身免疫能力下降。在稻田环境中多种病原体可以同时生长，一个病蟹体内可同时分离出细菌、病毒、寄生虫等多种病原因子。其中，有些病原体是发生疾病的主要因子，而有的病原体是继发感染。所以，在河蟹疾病预防中要查清导致疾病流行的主要病原因子。

河蟹病害的发生与河蟹自身的抵抗力、水质环境的质量及病原体的致病性等多个因素有关，而养殖管理的好坏直接影响疾病发生的各个方面。对河蟹发病因素的正确认识，有利于适时采取合适的预防、控制及治疗措施，有效降低河蟹病害发生率，提高河蟹养殖成活率。

2. 河蟹养殖病害的防治原则

河蟹的疾病并非由某个孤立的因子引发的，而是河蟹本身健康状况下降、病原体的入侵、生存环境的变化等多种因素综合作用的结果。因此，防治蟹病应遵循"预防为主、积极治疗"的原则。

（1）水质调控　水质恶化是养殖病害发生流行的重要因素之一，稻田水位低、水温温差大、光照不足、透明度高、氨氮、亚硝酸盐和硫化物等，是病原体以外诱发病害的主要生态因子。稻田养蟹要尽量加高水位，有条件的经常换水或投放微生态制剂来调控水质。

（2）控制病原体　一是用杀菌药物如生石灰、漂白粉、二氧化氯等定期消毒水体，控制水体中的病原体数量；二是蟹种下塘前用高锰酸钾、碘制剂、食盐等药液浸洗消毒，杀灭寄生或附生在河蟹体表的病原体，防止蟹种带入病原体；三是对食场、工具、天然饲料等进行消毒，防止疾病蔓延。

（3）增强抗病力　根据河蟹生长的不同阶段，动物性饲料、植物性饲料、配合饲料搭配投喂，保持河蟹生长良好、体质健壮、增强免疫力，同时在蟹种捕捞、运输、暂养过程中小心操作，避免引起外伤，防止病原体感染。

二、常用药物介绍

1. 生石灰

生石灰学名氧化钙，分子式为 CaO，属碱性物质。在养殖过程中常用于清塘消毒和防病。在养蟹中，生石灰的作用较多。

（1）作用

①调节水质。生石灰在水的溶解作用下，生成强碱性的氢氧化钙，分子式为 $Ca(OH)_2$。当人为地控制生石灰使用时，养殖水体呈微碱性或偏碱性，有利于河蟹生长。同时，能使水中悬浮的胶体有机物沉淀，提高水体透明度。

②增加营养。钙离子是河蟹生长不可缺少的营养元素，河蟹作为甲壳动物对钙的需要量比鱼类大得多。施用生石灰可增加水体钙离子含量，解决河蟹对钙的需求。

③杀灭病原体。生石灰遇水放出大量的热能，能够杀灭和抑制病原体，因此常用来清池消毒。

（2）用法与用量　在干池清塘时的用量为 75 千克/亩；带水清塘时 150 千克/亩；预防蟹病及消毒时 10～15 毫克/升，即当水深 1 米时，每亩用量为 6.7 千克或 10 千克。

（3）注意事项　生石灰在下池前的管理中应防潮防水，因生石灰遇水即变为熟石灰，就失去了杀灭病原体的作用。使用时必须化水全池泼洒。

2. 硫酸铜

硫酸铜俗称蓝矾，分子式为 $CuSO_4$，为深蓝色结晶或粉末，有金属性，遇水溶化，水溶液呈弱酸性。

（1）作用　硫酸铜与病原体的蛋白质结合生成蛋白盐，使其沉淀，达到杀灭病原体的目的，对原生动物和有胶质的低等藻类（如蓝藻）有较强的毒杀作用。硫酸铜在养蟹中一般用于杀灭青苔（也称青泥苔，是一种丝状藻类）。

（2）用法与用量　一般采用 0.7 毫克/升的浓度泼洒。

（3）注意事项　由于本品属重金属物质，河蟹对其较为敏感，过量使用或经常使用会引起河蟹造血功能下降，破坏肝功能，影响消化吸收。因此使用时应该注意：一是不能经常使用；二是在水体中杀灭青苔最好直接将药液泼在青苔上，可减少用药量；三是在蟹蜕壳生长期，最好分区泼洒。

3. 漂白粉

本品是次氯酸钙、氯化钙和氧化钙的混合物，遇水即产生氯离子，有杀菌作用。漂白粉是水产养殖业常用的一种杀菌剂，能预防和治疗多种细菌引起的疾病。

（1）作用　主要用于消毒和预防蟹病。对已经发生蟹病且较严重时，因为此时病原体已在蟹体内感染侵袭肌肉、鳃丝等组织，再加上河蟹有甲壳及黏液的保护，仅用本药难以奏效。

（2）注意事项

①本品极易分解失效，故需密闭保管，置于阴凉干燥处。

②使用时先测定漂白粉的有效氯含量，据此推算使用量才能有效。此外，肉眼观察药物是否为纯白色的粉剂，如变黄或成块状，即为失效。

③不能用金属器皿盛放本品。使用时，操作人员最好戴橡皮手套。

4. 食盐

食盐（NaCl）能改变病原体的渗透压，使其脱水死亡，常用于蟹种消毒。浸泡蟹种的使用浓度为 3%～5%，时间 5 分钟即可。

5. 抗菌类药物

主要功用是杀灭或抑制细菌、真菌等引起河蟹发病的病原体，一般有磺胺嘧啶类药物、土霉素等抗生素类等。

三、用药的原则和方法

1. 用药的原则

（1）必须掌握用药对象河蟹的生物特性及生态习性　这个问题对于过去养过鱼的养蟹经营者尤为重要，鱼、蟹分属鱼类和甲壳类，其所用药物的种类及用量、使用方法有较大区别，因此，一定要将鱼和蟹区别对待。还有在河蟹幼体阶段与成体阶段所使用的药物种类及对药物的耐受能力也有不同之处，在使用时应区别对待。

（2）必须正确诊断蟹病，做到对症下药　如在治疗寄生虫蟹病与细菌性蟹病等方面的用药有很大的不同，前者多用杀虫剂，后者多用抗生素等药物。

（3）必须掌握一定的药物知识　与防治鱼病一样，防治蟹病的药物有着各自的性质。因此要注意药物的相互作用，避免配伍禁忌，如使用硫酸铜的同时不能使用漂白粉。

（4）需掌握影响药物作用的因素　影响药物的因素较多，主要的有环境因素（温度、pH、有机物等）、药物因素（如漂白粉会因吸潮而失效）、药效因素（如一些药物必须使蟹内服，另一些药物必须外用）等。

2. 用药的方法

（1）遍洒法　又称全池泼洒法，是水产生产中防治病害常用的方法。用生石灰调节水质，就是采用这种方法。

（2）口服法　也称内服法，是将药物的有效剂量混入饲料中，使河蟹通过摄取饲料而达到防治病害目的的一种用药方法。以预防蟹病以及促进蟹蜕壳生长等方面为主，如将蜕壳素、生长素添加饲料中，使其与饲料一起进入蟹体，达到促生长蜕壳的目的。

（3）浸泡法 本法是将蟹集中于较小水体或容器中，配制较高浓度的药物，在较短时间内强迫蟹体受药，以达到杀灭病原体的目的。一是多用于蟹投放时的蟹种消毒、抱卵蟹进池前的聚缩虫的杀灭等方面；二是多用于杀灭体表或鳃部的寄生虫或病毒病的浸泡免疫；三是要求操作时药物浓度要精准，操作时间要掌握好，做到"短、快、好"。

四、常见养殖病害的防治

1. 纤毛虫病

此病由生物附着引起。

【病症】病蟹关节、步足、背壳、额部、附肢及鳃上都可附着纤毛虫类的原生动物。病蟹体表污物较多，活动及摄食能力减弱，重者可在黎明前死去。该病是因池水过肥、长期不换水、纤毛虫原生动物大量繁殖并寄生于蟹体所致。

【防治方法】

（1）经常更换池水，保持池水清新。

（2）泼洒生石灰，使池水中生石灰浓度为 10～15 毫克/升，连用 2 次。

（3）用新洁尔灭 0.5～1 毫克/升与高锰酸钾 5～10 毫克/升混合液，浸洗病蟹 10 分钟。

（4）用硫酸锌全池泼洒，使池水中硫酸锌浓度达到 0.3 毫克/升。

（5）在河蟹蜕壳高峰过后，彻底换水。

2. 聚缩虫病

【病症】聚缩虫在河蟹幼体上大量繁殖时可超过幼体大小的 2～3 倍，使幼体漂浮于水面呈白絮状。附生聚缩虫后易引起细菌和病毒感染，既增加了幼体的负担，又影响幼体生长发育，妨碍其摄食和呼吸，严重时使幼体突发性死亡。该病主要是由水质污染引起的，在溞状幼体各阶段及大眼幼体阶段都有发生。

【防治方法】

（1）在水温 23～25℃ 时，用 0.5％ 新洁尔灭原液稀释成的 0.067％ 药液浸浴 30～40 分钟，可以杀死大部分幼体身上的聚缩虫。

（2）采用 0.05％～0.125％ 的福尔马林全池泼洒，使池水含 20 毫克/升的福尔马林，但在一天内应进行水体交换，排除剩余的福尔马林。

（3）用 10～30 毫克/升的制霉菌素药液浸浴亲蟹 2～3 小时，可杀死聚缩虫，并可抑制一些细菌病毒病发生。

3. 弧菌病

【病症】 患病幼体主要表现出体色变浅，呈不透明的白色；摄食少或不摄食，肠道内无食物；发育变态停滞不前；活力明显下降，行动迟缓，有些匍匐在池边。主要是由于水受病菌污染、幼体受伤所引起的，体液或组织中有大量革兰氏阴性菌。

在河蟹育苗的各个阶段均有发生，尤以溞状幼体的前期为重。由于具有很强的传染性和高的死亡率，往往在 2～3 天时间导致 90％ 以上的幼体死亡，甚至在 24 小时内大批死亡，故其危害性很大。

【防治方法】 主要是彻底清池消毒，避免幼体受伤，保持水质清新，发病时适当减少投饵。

4. 蟹奴病

被蟹奴（一种寄生虫）大量寄生的河蟹，蟹脐略显肿大，揭开脐盖可见乳白色或半透明颗粒状虫体。病蟹生长缓慢，生殖器官退化。肉味恶臭，蟹农称之为"臭虫蟹"。幼蟹至成蟹的各个阶段都可能染有此病，多见于成蟹，并且雌体患病比例大于雄体。流行季节为 8～9 月。

【防治方法】

（1）避免引进已感染蟹奴的蟹种。

（2）彻底清塘，杀灭蟹奴幼虫，常用药物有漂白粉、敌百虫、福尔马林（甲醛）等。

（3）更换池水，注入新淡水。

（4）用硫酸铜、硫酸亚铁（5∶2）合剂 0.7 毫克/升溶液，全池泼洒。

5. 腐壳病

【病症】病蟹步足尖端破损，成黑色溃疡并腐烂，然后步足各节及背甲、胸板出现白色斑点，并逐渐变成黑色溃疡，严重时甲壳被腐蚀成洞，可见肌肉或皮肤，导致河蟹死亡。该病是由于河蟹步足尖端受损感染细菌所致。

【防治方法】

（1）在捕捉、运输、放养等过程中操作要细致，使用工具应严格消毒，勿使河蟹受伤，放养前将蟹种放在浓度 5%～10%的食盐水溶液中浸洗 5 分钟。

（2）用生石灰彻底清塘，保持水质清洁，夏季经常加注新水，清除塘底淤泥。饲养期间，定期用生石灰全池泼洒，其浓度为 5～10 毫克/升。

6. 烂肢病

病蟹腹部及附肢腐烂，肛门红肿，摄食减少或停食，活动迟缓，最后无法蜕壳而死。该病是因为在围捕、运输、放养过程中，蟹受伤或生长过程中，敌害致伤感染病菌所致。幼蟹至成蟹的各个阶段都可能染有此疾病。

【防治方法】

（1）在捕捞、运输及放养过程中操作要小心，勿使蟹体受伤。

（2）放养前将蟹种放在浓度 5%～10%的食盐水溶液中浸泡数分钟。

（3）用生石灰 10～20 毫克/升全池泼洒，连续使用 2～3 次。

7. 水霉病

【病症】此病因受伤后霉菌侵入伤口所致。病蟹伤口部位长有棉絮状菌丝，行动迟缓，摄食减少，伤口部位溃烂并蔓延，严重的造成死亡。幼蟹至成蟹的各个阶段都可能感染此病。

【防治方法】

（1）在起捕、运输、放养等操作过程中小心仔细，勿使蟹体受伤。

（2）用新洁尔灭 0.25 毫克/升全池泼洒，隔 5 天后再施 1 次。

（3）用 3％～5％的食盐水浸洗病蟹 5 分钟，并用 5％的碘酒涂抹患处。

8. 黑鳃病

【病症】病蟹鳃部受感染变色，病轻时左右鳃丝部分呈现暗灰色或黑色，病重时鳃丝全部变成黑色，病蟹行动迟缓，白天爬出水面匍匐不动，呼吸困难，俗称叹气病。轻者有逃避能力，重者几日或数小时内死亡。幼蟹至成蟹的各个阶段都可能感染此病，多发生在养殖后期，尤以规格大的河蟹易发生，危害极大。水质条件恶化，放养密度大，加之饲养过程中过量投饵，造成食场四周和池塘边浅水区残渣剩饵过多并变质腐烂。水体交换量不够，致使有害细菌大量繁殖，导致河蟹鳃部感染。此病多发生在 8、9 月，流行快，危害极大。

【防治方法】

（1）注意改善水质，及时更换新水。

（2）定期清除食场残饵，用生石灰进行食场或饵料台消毒。

（3）用漂白粉全池泼洒，使池水中漂白粉浓度达 1 毫克/升。

（4）预防时每 10～15 天用生石灰全池泼洒，使池水中生石灰浓度达到 10 毫克/升；发病时用石灰乳泼洒，使池水中生石灰浓度达到 10～15 毫克/升，连续泼洒 2 次。

9. 水肿病

【病症】此病是河蟹养殖过程中水质恶化，氨氮、硫化氢等有害物质含量超标所致。病蟹的腹与胸甲下方交界处肿胀，类似河蟹即将蜕壳。病蟹活动缓慢，拒食，终因呼吸困难窒息而死。

（1）河蟹蜕壳时尽量减少惊扰，不使之受伤。

（2）全池泼洒石灰 10～15 毫克/升。

（3）及时更换新水，用微生态制剂调节水质。

10. 蜕壳不遂病

（1）黑壳蟹不蜕壳　病蟹壳呈灰黑色，坚硬钙化，不吃食，蜕不下壳，轻敲背壳，能打出一个洞，内已长出一层新的软壳。

（2）长毛蟹不蜕壳 病蟹的甲壳、口器、眼窝等处长了厚厚一层毛状物（原生动物及霉菌），毛上覆盖一层泥土及污物，整个蟹壳呈灰黄色或土黄色。

【病因】

（1）河蟹染病 体质健壮的河蟹容易蜕壳，受伤有病的蟹往往蜕一半就死亡。

（2）营养不足 河蟹甲壳主要由钙、铁、磷等成分组成，如饲料中长期缺乏这些元素或促进这些元素合成的酶等物质，不仅壳长不好，蜕壳也较困难；另外，河蟹体内长期缺乏必要氨基酸、甲壳素、蜕皮素。

【防治方法】

（1）全池泼洒 定期用生石灰 10～15 毫克/升全池泼洒。

（2）科学投饵，补充营养 在饵料中添加适量的蜕壳素及贝壳粉、骨粉、蛋壳粉、鱼粉等矿物质含量较多的物质。

（3）创造适宜的蜕壳环境 要保持水位相对稳定，既要有浅水区，又要有深水区，栽培水生植物。

11. 颤抖病

【病症】病蟹出现胸肢不断颤抖、抽搐和痉挛等症状，腹肢无力，往往每蠕动一下，便抽动一次。有时步足收拢，蜷缩成团，因而有的地方称之为环腿病或抖抖病。鳃有时呈淡铁锈色或微黑色，多上草上岸，拒食，有时吐沫，病变严重处，组织细胞坏死崩解成无结构的物质。目检病死蟹无黏液和其他病症，发病后 3～5 天死在岸边、草上或洞穴中。

【流行】多发生在南方、消毒不彻底的老蟹塘。高温季节、水质恶化、pH 低的水域尤多，扣蟹、成蟹都有，8～9 月为发病高峰期。温度在 28～33℃下流行最快，10 月后水温降到 20℃以下，该病渐为少见。

【防治方法】坚持预防为主，防重于治。

（1）蟹种消毒 消毒药品很多，用甲醛消毒效果较好。方法是，将甲醛用水配成含甲醛 0.05%～0.5%浓度的水液用于幼蟹药浴，浸泡 20～40 分钟。

（2）彻底清塘　老蟹塘或曾发生过蟹瘟病的蟹区，一定要严格清塘消毒。

①塘口清整后，塘内留 10 厘米深的水，每亩用 150 千克的生石灰化浆乳，均匀洒于池水中，半个月后放换水，清余毒。

②用浓度 10 毫克/升的甲醛溶液消毒，10 天后换水。

（3）水质管理　按常规搞好养蟹水域的水质管理。

第三章

典 型 模 式

第一节　辽宁稻蟹共作模式

主要特点是"深沟高畦，大垄双行，沟边密植，生态种养"。实现了埝埂种豆、田中种稻、水中养蟹的立体生态种植养殖的有机结合，水稻种植采用大垄双行、边行加密、测土一次性施肥、生物防虫害等技术措施，实现水稻稳产；河蟹养殖早暂养、早投饵、早入田，采取田间工程、稀放精养、测水调控、生态防病等技术措施；河蟹摄食草芽、虫卵及幼虫，达到除草和生态防虫害的效果；河蟹粪便能提高土壤肥力，减少了化肥使用；养蟹稻田光照充足、病害减少，减少了农药使用；稻田埝埂上种植大豆，稻、蟹、豆三位一体，立体生态，并存共生，土地资源得到充分利用；稻田生态环境良好，生产出优质蟹田稻米和河蟹。

盘锦市河蟹产业经历了 20 多年的发展历程，目前全市现有河蟹养殖面积 158 万亩，河蟹产量 6.9 万吨，产值 40 亿元，河蟹产业农民人均纯收入达到 2 000 余元。其中，稻田养蟹面积 75 万亩，全市有万亩以上稻田综合种养示范园区 20 个，稻田养蟹乡（镇）18 个，10 亩以上稻田养蟹农户 5 万户。河蟹产业，特别是稻田养蟹产业已经成为盘锦市农村经济发展的支柱产业，农民增收致富的"黄金"产业。盘锦河蟹产业的形成，是从"稻田养蟹→蟹田种稻→大养蟹→养大蟹→稻蟹综合种养"的创新发展而来。特别是2005 年盘锦市政府实施养大蟹工程以来，针对河蟹产业发展中出现的一些瓶颈问题开展攻关。重点从保持水稻产量不减，河蟹养成规格、产量、效益同步提高，积极探索、开发创新，成功打造出了稻蟹综合种养新技术模式——"盘山模式"。2007 年，稻蟹综合种养"盘山模式"通过了农业部科教司组织的验收，各级领导和专家对这一模式给予充分肯定和高度评价。一致认为：稻蟹综合种养技术——"盘山模式"，从单一的种稻到水稻种植与河蟹养殖的有机结合，实现了稻蟹双赢，是养殖户"一看就懂、一学就会、一用就灵"的实用技术，更是名副其实的资源节约型、环境友好型和食品安全型产业，可充分稳定农民种粮积极性，对确保我国粮食安全战略具有重要意义。国家首席水产专家王武教授评价"盘山模式"："水稻＋水产＝粮食安全＋食品安全＋生态安全＋农民增收＋企业增效"，即"1＋1＝5"。

"盘山模式"为北方稻田区域的一水两用、一地双收、增产增效的推广提供了具有参照的经验模式。到目前，"盘山模式"作为全国首推稻田渔业模式在我国北方水稻主产区大规模示范推广，省内推广到辽宁省的大洼县、台安县、法库县、辽阳县及沈阳市、东港市、辽阳市等市县；省外以宁夏、吉林、黑龙江的稻田养蟹为代表，以及新疆、河南、四川等 20 多个省（自治区、直辖市）进行尝试，以蟹田水稻订单增值为发展动力。也就是说，养蟹田的水稻比不养蟹的水稻要高出 1.6～2.0 元/千克，这是拉动这些地区稻田河蟹养殖业快速发展的主要因素和动力。

【模式案例】

盘山县建立稻蟹生态种养示范区 20 万亩，其中核心示范面积 30 000 亩。示范区实现养蟹稻田水稻亩产量 650 千克，亩产值 1 950 元，亩利润 1 100 元；优质大蟹亩产量 30 千克，亩产值 1 800 元，亩利润 1 050 元；埝埂大豆亩产量 18 千克，亩产值 65 元，亩利润 50 元。稻、蟹、豆种养亩综合产值 3 815 元，亩综合利润效益 2 200 元。与传统的稻田养蟹模式相比，水稻亩增产 8%，亩增效 400 元；河蟹亩增产 20%，亩增效 350 元；埝埂豆亩增效 50元，稻、蟹、豆每亩增加效益 800 元。

第二节 宁夏稻蟹共作模式

宁夏回族自治区党委、政府提出大力发展百万亩适水产业，紧紧围绕"农业增效、农民增收"主题，把发展稻蟹生态种养作为调整水产养殖结构、转变渔业发展方式、推进现代农业发展的重要突破口，不断创新发展思路，破解发展难题，强化发展措施。在全区大力开展稻蟹生态种养示范推广工作，重点通过龙头带动、土地流转等方式示范推广稻田养蟹。在水稻不减产的情况下，取得了显著的效益，实现了农业增效、农民增收、农村生态文明、社会和谐的现代农业发展目标。主要成效：

1. 发展速度快

2009 年全区试验示范稻田养蟹 1 000 亩，2010 年示范 5 400 亩，2011 年示范推广 9 300 亩，2012 年面积达到 13.7 万亩，2013 年发展到 16 万亩，2014 年发展到 17 万亩。

2. 辐射范围广

包括中卫市沙坡头区、中宁县、吴忠市利通区、青铜峡市、灵武市、永宁县、贺兰县、银川市兴庆区、西夏区等引黄灌区 4 市 9 个县市区及农垦系统的水稻主产区，实现水稻主产区全覆盖。

3. 技术有创新

作为农业部《稻渔综合种养新型模式与技术示范与推广》的实施单位之一，针对宁夏水稻和渔业生产特点，积极开展了稻田河蟹生态种养试验示范，积累了一定的养殖经验，创新、总结出了一套养殖技术，形成了宁夏稻田河蟹生态种养技术规程。要点如下：水稻主推宁粳 43 号，河蟹主推辽河、长江水系品种，以"水稻宽窄行插秧、河蟹早放精养、种稻养蟹相结合、水稻河蟹双丰收"为主推内容，按照"河蟹春季池塘暂养、稻田水稻河蟹生产管理、商品蟹育肥上市"三个关键阶段，推广蟹种培育、宽窄行机插秧、蟹稻共生种养、水质调控和河蟹育肥等 5 项技术，解决成活率低、规格小、效益低三大问题。

4. 增收效果好

示范区测产，"蟹田稻"平均亩产 572.3 千克，稻谷平均售价每千克 8 元（最高达到 16 元）。与单种同品种普通水稻比，平均每千克高出 5 元左右，亩均增收 600 元。"稻田蟹"平均每亩产量 15 千克（最高 25.8 千克），平均售价每千克 65 元，扣除每亩投入 515 元（蟹种 160 元、饲料 100 元、围栏 55 元、环沟 80 元、人工费 100 元、水费 20 元），河蟹每亩增收 460 元。稻田养蟹节约了化肥、农药施用量，每亩平均节本增收 20 元。发展稻田养蟹，每亩增收 1 080 元，在水稻不减产的情况下，实现了提质增收、增产增收、节本增收。

发展稻田养蟹的各类企业、专业合作组织，将收获产品创建"蟹田米""稻田蟹"等品牌进行销售。"蟹田米"每千克售价15～20 元，每亩新增收入 2 000 元左右；若稻田养蟹采取有机产品生产，"蟹田米"每千克售价 20～30 元，每亩新增收入 3 000 元以上。

【模式案例】

（1）2014 年，在宁夏青铜峡市叶升镇宁夏正鑫源现代农业发展有限公司稻田养蟹示范基地建立精准试验田 14 亩，河蟹饲养时间 150 天。经过测产，此试验田共捕捞"稻田蟹"290.25 千克，饵料系数为 1.9。河蟹平均体重从 5.5 克生长到了 100.0 克，其中，雄蟹平均体重 106.4 克，雌蟹平均体重 93.9 克。雄蟹最大个体重 155 克，雌蟹最大个体重 130 克。平均每亩产出河蟹 21.2 千克，回捕率 51%，肥满度 77.6%，达到了膏满黄肥优质蟹的标准，售价每千克 60 元，每亩产值 1 272 元，生产成本 450 元，利润为 822 元。"蟹田稻"平均每亩产出 530 千克，收购价为每千克 6.0 元，产值 3 180 元，生产成本 1 510 元，平均利润为 1 670 元。常规单种水稻平均每亩产量 528 千克，收购价为每千克 2.8 元，产值 1 478 元，生产成本 1 020 元，利润为 458 元。

采取稻蟹生态种养模式，"水稻＋河蟹"每亩产值 4 452 元，生产成本 1 960 元，稻田综合利润 2 492 元。如果扣除土地流转费 750 元，稻蟹生态种养模式亩均利润可达 1 742 元。

（2）2015 年，宁夏银川市贺兰县丰谷稻业产销合作社示范稻田蟹生态立体种养模式。河蟹商品蟹养殖区围栏单元 1.33 公顷，水稻采取有机水稻生产模式，品种为宁粳 27 号（T39）。5 月 28 日水稻插秧，6 月 11 日每亩放蟹种 300 只，规格每只 13 克，每亩放 4 千克。河蟹饲料以冰冻野杂鱼、玉米、小麦等为主；稻田肥料全部为有机肥，不施化肥。水稻防病用生物药剂，不打农药。9 月 4 日河蟹开始起捕测产，河蟹平均体重 90.0 克，平均体长 5.1 厘米，肥满度达到 70.1，达到了黄满膏肥的高标准商品蟹的指标。有机水稻每亩产量 260 千克（最高 740 千克），水稻收购价每千克 7 元（常规水稻收购价每千克 2.8 元），加工成"广银蟹田米""广银生态蟹田米"等大米品牌出售。"蟹田米"每千克售价 30 元；"广银稻田蟹"商品蟹每亩产量达到 19 千克，商品蟹包装（每个包装 10 只 1 千克左右）每千克售价 300 元。发展稻田养蟹，每亩新增收入 3 500 元。

第三节　吉林稻蟹共作模式

2014 年，吉林省稻田综合种养技术项目计划以"分箱式"插秧模式为重点实施。"分箱式"稻田养蟹技术模式是在"大垄双行"模式的基础上，通过实践技术探索和总结确立的种养模式，更有利于机械化耕作。吉林省计划建立 4 个示范区，示范面积 5 150 亩，辐射推广 11 万亩，集成示范稻-蟹、稻-鱼共作模式。下面就示范基地、经济指标、稻田工程、水稻栽培、暂养、管理等技术措施制订如下方案。"分箱式"稻田养蟹技术模式，根据北方水稻种植实际情况，依据插秧与扣蟹放养时间的不同步，制订扣蟹暂养技术；依据插秧机的插秧设计，制订"分箱式"插秧技术。利用稻田的浅水资源养蟹，通过河蟹增肥、除草减少水稻对化肥及农药的依赖，既改善了环境，又促使稻米逐步达到绿色、有机的标准。实现了稻蟹互利、稻蟹共生的综合种养。

【**模式案例**】吉林省东辽县安石镇朝阳村实施了 66.67 公顷试验示范田，采取上述的技术模式。其中，稻田养蟹 60 公顷、稻田养小龙虾 6.67 公顷，投放蟹苗 2 000 千克、小龙虾苗 500 千克。经过 4 个多月的饲养，综合成活率 70％以上。每亩产河蟹 21 千克、成蟹总产量 18 900 千克；小龙虾每亩 24 千克、小龙虾总产量 2 400 千克。

第四章
市场营销和经营案例

品牌在于培育，更在于宣传和营销。品牌建设工作应纳入各级政府的工作日程，形成强大的舆论氛围，磨亮蟹田大米和河蟹知名度，打造地域品牌，树立品牌形象，创建品牌良好的市场知名度和美誉度。通过多种形式不同层次的活动，把品牌建设作为重点宣传主题放在重要位置，加大信息量，广泛深入宣传。通过当地电视台、广播电台、日报社等新闻媒体，擎天柱广告牌等，编辑和印刷河蟹宣传画册。

1. 提高蟹田米和河蟹品牌良好的市场知名度

加强国际国内市场开拓创新河蟹市场推介方式，规范、提高蟹田米和河蟹品牌信誉度，开拓网购新型营销模式。河蟹是国家倡导的"互联网＋"的积极实践者，也是所有鲜活水产品中电商发展得最好的品种，未来河蟹营销模式是"品牌＋电商"。组织大米河蟹龙头企业加盟"互联网＋""淘宝特产"等网络平台，整顿大米河蟹市场营销秩序。牢固树立起大流通、大市场的新意识、新观念，彻底破除小农经济、小富即安的陈规旧习，尽快从提篮小卖、小摊叫卖、守路待沽、地头坐等的销售状态中走出来，使大米河蟹进入大市场、大流通，提高市场竞争力。

2. 加强大米、河蟹地理标志证明商标使用监督与管理

对于擅自使用或伪造地理标志证明商标的；不符合地理标志证明商标标准和不符合管理规范要求而使用该地理标志证明商标的；或者使用与专用标志相近、易产生误解的名称或标识及可能误导消费者的文字或图案标志，使消费者将该产品误认为地理标志证明商标的行为，工商部门和出入境检验检疫部门将依法进行查处。社会团体、企业和个人可监督、举报。

3. 获准使用地理标志证明商标专用标志资格的生产者

未按相应标准和管理规范组织生产的，或者在 2 年内未在受保护的地理标志证明商标产品上使用专用标志的，工商部门将注销其地理标志证明商标专用标志使用注册登记，停止其使用地理标志证明商标产品专用标志并对外公告。

4. 建立大米河蟹品牌建设专项经费

各级财政列专项资金，对品牌建设加大投入力度。通过电视、网络、广播、报纸、墙体广告等进行全方位品牌宣传，谋划好展销会，加快宣传画册和宣传片的制作，做好户外广告、电视广告、广告牌、报纸广告、网站广告。加大对品牌使用的监管力度，建立长效机制，设立专门机构与工商部门共同对商标使用进行监管。

案例之一：引领河蟹产业发展
打造全国优质品牌

盘锦光合蟹业有限公司

盘锦光合蟹业有限公司是一家提供优质水产苗种、海洋食品和技术服务的民营科技企业。先后被认定为辽宁省农业产业化重点龙头企业、国家高新技术企业、国家级河蟹健康苗种繁育基地、国家级河蟹良种场、国家级河蟹遗传育种中心。先后荣获《中华绒螯蟹育苗和养殖关键技术开发与应用》国家级科学技术进步二等奖，《河蟹人工育苗技术研究开发》项目获得辽宁省科技进步二等奖，《轮虫土池持续高产》项目获得辽宁省科技进步二等奖，《河蟹土池生态健康育苗及稻田养殖技术推广》荣获全国农牧渔业丰收一等奖等奖项，《"光合 1 号"河蟹新品种选育及应用推广》项目荣获 2015 年辽宁省科技进步一等奖。公司董事长李晓东先生先后当选为十一届全国人大代表及中共十八大代表。

一、科技创新促进产业发展，主动研发带动产品升级

盘锦养蟹与南方相比，在地域、气候、温度等客观因素方面存在着巨大的差异。这种差异致使盘锦河蟹在规格、品质和知名度方面远逊于南方的大闸蟹，一度使盘锦河蟹被定义成"批发货、地摊货"。在无法解决这些客观因素的情况下，盘锦光合蟹业有限公司主观上努力在种质、生境、投饲、技术等关键环节寻求突破。

为提高河蟹苗种的品质，盘锦光合蟹业有限公司引进挪威水产育种专家进行的河蟹高级群体选育项目为核心，组织国内外河蟹育种研究的顶尖专家与盘锦的企业和科研单位联合攻关，从2000年起不断在河蟹优质品种方面有突破，培育出规格大、肉质好、抗病力强的系列新品种并大力推广。其中，"光合1号"河蟹新品种在2011年被国家水产原良种委员会认定为中国第一个河蟹新品种，成为河蟹养殖户的首选，提升了盘锦河蟹的市场竞争力。

为优化河蟹的养殖模式，盘锦光合蟹业有限公司从2009年开始斥资实施养大蟹模式探索，旨在"稳定面积、提高规格、增加产量、效益倍增"。经过几年的养殖探索和实践，这种以"光合1号"新品种为依托、以公司的专利技术"一种在稻田中养殖河蟹的方法"为主要技术措施的"光合模式"养大蟹工程，取得了喜人的阶段性成果。现阶段，按照"光合模式"要求，盘锦光合蟹业有限公司自有蟹田改造达到3 500亩，带动周边养殖户进行蟹田改造26.5万亩左右，在使用"光合模式"养殖的蟹田在河蟹平均规格方面实现增长15％左右；在河蟹平均产量方面实现增长50％左右，缩小了盘锦河蟹与南方河蟹的差距。

二、注重质量拓展经营渠道，加大投入助推品牌建设

在产品质量控制方面，公司通过水产技术战略创新联盟、全国

科普惠农协作网、河蟹智慧养殖技术平台和农垦及中国水产科学研究院农产品质量追溯系统，进行河蟹养殖过程的全程监控与管理。对于即将走上顾客餐桌的成品河蟹，公司在活力、肥度、规格及河蟹内部清洁方面进行严格的人工把控，最大限度地将安全、味美、足规格的东牌肥蟹奉献给每一位顾客，获得了顾客的广泛赞誉，从而提升了东牌河蟹的市场认知度。同时，公司注重产品的内涵挖掘，从产品定位、细节处理、包装设计等方面打造精品蟹，建立了一批专卖店，同时辅以电商平台销售，以专业成就品质为卖点，以中高档消费群体为目标客户进行市场营销。目前，已经在北京、沈阳、大连形成了销售网络，并取得了较好的经营效果。

在品牌建设方面，公司注重商标和知识产权的价值及影响力，投入巨额资金对 VI 系统、宣传策划、门店装修、产品定位、包装设计等方面不断提升，并运用路牌、展会、报纸、杂志、电视、电台、网络等多种手段，提升东牌河蟹的知名度。借助盘锦市委市政府高度重视河蟹产业发展契机，在"政府搭台、企业唱戏"的大背景下，多年来积极参与"金秋盘锦"蟹文化系列活动——盘锦蟹王争霸赛、河蟹养殖（销售）大户评比、河蟹烹饪大赛以及摄影、书法、绘画、征文等比赛以及"中国河蟹产业发展论坛"、盘锦河蟹品牌推介会等较高层次的文化活动。利用好展会、比赛、行业交流、订货会等品牌推介方式，有效扩大了品牌的知名度和美誉度，深受社会各界的认可和好评。2011 年公司"东"牌商标被评为中国驰名商标，2015 年被评为辽宁省名牌产品荣誉称号。

盘锦光合蟹业有限公司将始终坚守"诚信、务实、合作、创新、感恩"的经营理念，践行"诚实守信、开放包容；质量至上、矢志创新；襟怀坦白、肝胆相照；德才并举、自强不息"的核心价值观，以"成为提供优质水产苗种、食品及技术服务的顶级企业"为愿景，在董事长李晓东的带领下，光合全体 300 多名员工将齐心协力，不懈追求，致力于河蟹产业的健康成长，为中国水产事业发展推波助澜，在悠长的历史画卷上镌刻下恢弘的一笔。

案例之二：培育优质品牌　扩大营销渠道

盘山县胡家秀玲河蟹专业合作社

盘山县胡家秀玲河蟹专业合作社成立于 2009 年 3 月 5 日，注册资金 320 万元人民币，经营范围：河蟹养殖、销售及相关技术咨询服务。该社拥有社员 51 人，共有河蟹养殖总规模 64 500 亩，河蟹销售门店 500 米^2，固定资产 1 700 万元。2013 年注册了"秀玲"牌河蟹商标，"秀玲"河蟹以"个大体肥、膏满黄多、野味十足、营养好吃"而远近闻名。目前，"秀玲"河蟹通过"互联网＋""淘宝特产"等网络平台与全国 29 家河蟹销售连锁店联盟，"秀玲"河蟹销往新疆、宁夏、内蒙古、黑龙江、吉林、江苏、天津、北京等全国 20 多个省（自治区、直辖市），以其优质的产品质量和良好的信誉赢得了消费者的一致认可和好评。该合作社年河蟹养殖销售总量达 1 300 余吨（含 51 户社员），年经营收入 1 917 万元，实现利润 411 万元，社员人均纯收入 7.8 万元。该合作社带动周边河蟹养殖户近千户，实现产值超亿元。该合作社对带动盘锦地方河蟹经济发展、促进农民增产增收都起到了重要的示范和带动作用。

该合作社赢得多项殊荣，先后荣获农业部第七批水产健康养殖示范场，"辽河杯"全国河蟹大赛"最佳种质奖""金蟹"奖，"中国十大名蟹"，农业部"先进农民专业合作社示范社""全国百家合作社百个农产品品牌"等荣誉及称号。该合作社法人代表孙秀玲，2014 年荣获盘锦市"五一"劳动奖章，2015 年荣获盘锦市劳动模范称号。

一、示范健康养殖模式，带动社员提质增效

盘山县胡家秀玲河蟹专业合作社全体社员建有稻田种养标准化示范区 2 200 亩，河蟹冬储基地 1 300 亩，水库河蟹养殖基地 6.1 万亩。该合作社按照国家水产健康养殖区建设要求严加管理，为了

保证标准化稻田河蟹健康养殖技术、河蟹冬储育肥技术和水库围栏养蟹技术的有效示范，该合作社制定了严格的企业标准，并要求合作社成员必须严格按照技术标准和质量要求组织生产。一是合作社成员养殖示范区和基地严格执行《无公害水产品产地环境要求》《无公害食品　淡水养殖用水水质》《无公害食品　渔用药物使用准则》；二是严格按照稻田河蟹标准化健康养殖技术操作规程、河蟹冬储育肥技术操作规程、水库围栏养蟹技术操作规程进行生产示范；三是生产管理各项工作都实行专人负责制，认真做好养殖生产记录和用药记录，产品定期检验检测，出售产品严格检疫。

该合作社通过"合作社＋基地＋农户"的经营管理模式，带动社员和周边养殖农户 1 000 余户，发展标准化河蟹健康生态养殖规模达到 1 万亩以上，带动河蟹育肥冬储面积 3 000 亩以上，带动发展水库围栏养蟹 13.1 万亩，解决劳动就业 300 余人。通过应用稻田健康养殖标准化技术、河蟹冬储育肥技术和水库围栏养蟹技术，大大降低了对环境的影响，生态效益显著。利用该模式养殖生产的河蟹，规格和质量显著提高，河蟹价格每千克提高 10～20 元，经济和社会效益十分显著。该合作社每年组织邀请河蟹养殖专家和技术人员对社员及周边农户进行现场技术培训与指导，每年培训指导人数达 1 000 余人次。通过培训和指导、示范和引导，大大提高了广大养殖户的河蟹健康养殖技术水平和对河蟹产品质量安全的认知，"保质量、创品牌、促销售、增效益"成为该合作社全体社员的座右铭。

二、注重品牌培育宣传，提高品牌信誉知名度

2013 年，盘山县胡家秀玲河蟹专业合作社的河蟹产品注册了"秀玲"牌商标，河蟹养殖场地和产品也通过了无公害产地和产品认证。为了宣传和培育优质河蟹品牌，合作社在养殖技术和质量上严格把关，保证了产品的优秀品质。"秀玲"牌河蟹以"个大体肥、膏满黄多、野味十足、营养好吃"深受广大消费者青睐并赢得了良

好的信誉。同时为了加大宣传，积极参加国家、省、市、县举办的各类河蟹展销、品牌推介等河蟹文化系列活动。"秀玲"河蟹多次参加盘锦蟹王争霸赛，连续五届荣获"蟹王""蟹后"和群体一等奖。多年在盘锦市河蟹展销评比中获得"十佳销售大户"。在国家、省、市举办的河蟹展销和文化系列活动也多次赢得殊荣。合作社法人代表孙秀玲，被盘锦市河蟹协会推荐为盘锦市河蟹形象大使。

为了提纯复壮河蟹种质，该合作社积极参与河蟹增殖放流公益活动，从 2010 年开始多次承担省、市、县渔业部门河蟹增殖放流任务，平均每年完成放流扣蟹 200 万只以上，即 1 万多千克，为盘锦地区提供了优质河蟹种源。该合作社连续 5 年到新疆、黑龙江、吉林、宁夏等地推广稻田养蟹"盘山模式"，现场指导、技术培训、印发稻田养蟹技术手册，苗种供应及成蟹回收。2012 年 10 月 12 日，中央电视台《新闻联播》对秀玲河蟹专业合作社经营情况进行了宣传报道。2013 年 12 月 26 日，受中央电视台七频道"农村大舞台"的邀请，对孙秀玲进行了专访，孙秀玲多次接受国家、省、市、县等新闻媒体的采访，极大地提高"秀玲"河蟹的影响力的同时，也大大提高了盘锦河蟹的知名度。

三、创新经营管理理念，带动农民增收致富

多年来，该合作社不断创新经营管理模式。一是带动社员扩大域外合作养殖。2003 年与黑龙江鸡西合作水库养蟹 6.1 万亩，2010 年与新疆乌鲁木齐、克拉玛依合作稻田养蟹 5 万亩，2015 年与河北卢龙县合作水库养蟹 7 万亩。合作社以提供优质扣蟹、提供标准化养殖技术，回收养成河蟹的形式发展域外合作，带动企业 10 余家，带动农户近千户增收致富。二是创新经营品种。在销售鲜活河蟹产品的同时，合作社自 2010 年开始，不断创新河蟹加工产品，每年加工卤蟹、蟹豆腐 5 000 千克以上，河蟹附加值提高 30％以上。并集中高价收购社员生产的优质蟹田大米、埝埂豆，带动农户真正实现了联农带农利益联结和共享。三是发展河蟹"线上

销售"。通过"互联网+"的形式,加入网络销售平台,并与顺风快递合作。2010年开始加入淘宝网上销售,2016年开始加入天猫、京东两大网络销售平台,通过优惠活动——"天猫聚划算""京东手机秒杀",实现"盘锦河蟹"好评人数达2万人次。自2016年8月到12月末,实现线上河蟹销售量10万千克,销售额1 000多万元,纯利润100多万元,"秀玲"河蟹赢得了良好的知名度和市场信誉。

盘山县胡家秀玲河蟹专业合作社力在以"做事认真、遵德有礼、文明经营、质量至上、诚信为本、天道酬勤"的经营理念,充分发挥好示范带动作用,以做大做强盘锦地区河蟹产业,并带动北方地区的河蟹产业实现产业化、现代化、国际化发展。

图书在版编目（CIP）数据

稻蟹综合种养技术模式与案例/全国水产技术推广总站组编；刘忠松，刘学光，朴元植主编.—北京：中国农业出版社，2019.7

（稻渔综合种养新模式新技术系列丛书）

ISBN 978-7-109-18735-1

Ⅰ.①稻…　Ⅱ.①全…②刘…③刘…④朴…　Ⅲ.①稻田—养蟹　Ⅳ.①S966.16

中国版本图书馆 CIP 数据核字（2018）第 042369 号

中国农业出版社出版

地址：北京市朝阳区麦子店街 18 号楼

邮编：100125

责任编辑：林珠英　黄向阳

版式设计：杜　然　责任校对：刘丽香

印刷：中农印务有限公司

版次：2019 年 7 月第 1 版

印次：2019 年 7 月北京第 1 次印刷

发行：新华书店北京发行所

开本：880mm×1230mm　1/32

印张：3　插页：2

字数：80 千字

定价：16.00 元

稻田放养蟹苗

稻田中的河蟹

稻田综合种养模型

稻蟹种养"盘山模式"

稻蟹种养"盘山模式"科研示范基地

稻蟹种养示范基地

稻蟹综合种养景观

东牌生态蟹苗

"光合1号"育种水槽系统

河蟹产品

河蟹产品

河蟹产品

河蟹放流

河蟹放流

河蟹放流

河蟹土池生态育苗

河蟹文化活动之争霸赛现场

河蟹选育养殖围隔

河蟹育苗池

河蟹育种试验田

辽河蟹育种基地